John Kotter

企業領導與變革大師 **科特**

繼《冰山在融化》最新力作

That's Not How We Do It Here!

A Story about How Organizations Rise and Fall —
and Can Rise Again

這不是我們做事的方法！

│ 組織的興起、殞落，再崛起 │

約翰・科特 John Kotter、赫爾格・拉斯格博 Holger Rathgeber / 著　許芳菊 / 譯

目 次

CONTENTS

推薦序

該換一種做事的方式了

蕭瑞麟 政大科技管理與智慧財產研究所教授

科特（John Kotter）是美國哈佛商學院教授，在領導與變革領域頗具知名度，所以其實我的推薦序對《這不是我們做事的方法！》這本書只是錦上添花。科特一反過去學院派的寫作風格，這次以伊索寓言的方式，用說故事來談變革，令人感到新鮮。短篇的寓言故事企圖讓經理人理解，若食古不化，眷念過去的成功模式，抱持僵固思維，失敗是必然的。

這本書以狐獴一族為故事背景，描述狐獴面對突如其來的環境改變（禿鷹密集來襲，食物又短缺，內部驚恐亂成一團）時，如何化逆境為順境。科特透過狐獴的故事闡述領導與管理在變革過程中分別扮演的角色。為了不破梗，故事我就不多說。組織必須展開變革時，事務必須管理，眾人必須領導，制度必須改變。我就以此來談談這本書想要帶給讀者的三個訊息。

做事的方式

變革不能喊高調，展開組織變革時必須落實執行面的工作，舉凡擬定工作計畫、編列預算、分派工作、評量成果、推動解決方案等。這些「雜事」的落實都必須靠嚴密的管理。麻煩的是，企業往往發展出一套規範之後，工作與思考都會僵化。大家都習以為常時，一旦遇到要改變，就會以「這不是我們這裡做事的方式」為由，拒絕改變，也因此阻礙變革的萌芽。

電子書技術最早是索尼研發的。然而由於各部門墨

守成規，不願改變，過時的制度更造成內部相互競爭。後來，亞馬遜超越索尼，蘋果 iPad 也超越索尼。當企業成功十年、二十年或更久，漸漸會由自滿、自負而產生自戀。老派不願意改革，導致企業陷入僵化思維；若新派提出革新方案，患有「僵思」症的主管就會提出過去的豐功偉業，暢談成功的往事，批評改革的諸多缺失。就算新派偷偷展開變革，也因為土法煉鋼而使革新一事無成，結果革了自己的命。

展開變革時，首先要改變的，就是做事的方式，也就是既有的管理方式。

做人的方式

接下來是領導。遇到僵化的組織，領導人首要面對的是「失能的團隊」。團隊成員雖然各個身懷才華，卻無法合作，使得創新難以推展。彼此不信任，成員之間便會相互推敲，隨時擔心被人暗算。真話不說出，組織就無法學習，埋下許多小危機，等著有一天被點燃。科

這**不是** ……… 我們做事的方法！

特總結，要啟動變革，領導人必須發揮「做人」的力量，遵循八個步驟：建立危機意識、建立同盟、形成策略願景、集結志工團隊、排除阻礙、贏取短期成效、帶領團隊漸漸加速前進、促成變革制度化等。

作亂的方式

組織變革最具挑戰的是：改變過時的制度。改變制度這件事技術上說起來不難，但因為牽涉到內部各黨派複雜的利益，所以變得窒礙難行。不過，組織之所以跟不上時代的腳步，究其根本原因，就是制度。改變組織不良的制度才是變革得以持久的關鍵。然而，改變制度常會被老派的主管誤解為「犯上作亂」，而欲予以壓制。領導變革時，必須仔細安排「作亂」的方式，理解組織的脈絡，找出制度的盲點。如此才能使變革持久。

面對組織老化的企業，這本「故事書」將是策動變革的起點。由狐獴寓言中，我們將看到許多改變的可能。

前　言

　　禿鷹已經神祕地從食腐動物變成殺手了！沒有人知道原因何在。這些可怕、恐怖、致命的飛禽，可能是導致麥特家族瓦解的最後一擊。

　　麥特是一隻狐獴──這些小巧的非洲動物，人類覺得牠們可愛又討喜。麥特就像所有的狐獴一樣，有牠獨特的個性和才能。牠向來害羞，然而一旦心中有定見，就會變得有點固執。但是牠忠誠可靠，加上和善的笑容，多才多藝又樂於助人，這些與生俱來的特質，使得牠深受大家喜愛。牠一直過著知足常樂的生活，而老天

爺也一向待牠不薄。

　　但是，好景不常……

　　因為雨季彷彿消失了，這使得牠那些毛絨絨的族人，再也無法擁有足夠的食物。每天至少有一餐，麥特會少吃一些，好讓那些老弱婦孺可以有多點東西吃。但這對於解決食物缺乏的問題，幾乎毫無幫助。掠食動物增加的數量之多──唉，該怎麼說，麥特從來沒見過這種情形。有些狐獴認為這一切都環環相扣：雨下得愈少，食物自然也愈少，這種狀況導致掠食動物莫名其妙的行為改變。但沒有人確切知道，究竟發生了什麼？

　　牠們的看法彼此分歧，更別說有誰可以針對這些新出現的問題，提出任何有建設性的新主張。面對這種狀況，麥特和其他同胞一樣，都感到無比挫折。更糟的是，光是想搞定日常的例行工作，都變得愈來愈困難。

　　其實，麥特也並非完全沒聽到任何可行的新想法。牠有兩位很有創意的朋友，譚雅和阿狗，牠們想出一個可能可以找到更多食物、減少浪費的辦法，以及一個也許可以更快偵測到掠食動物的方法。但是，牠們倆所得到的回應是：「這不是我們這裡做事的方法！」卻讓牠們彷彿撞上了一道牆。這種回應，如果仔細想想整個處境，實在沒什麼道理。麥特努力想要說服大家明白，為什麼這樣的說法很不合乎邏輯。牠跑去找那些從小和牠一起長大、最要的好朋友們訴說，牠也跑去向牠們的家族酋長訴說，但是都徒勞無功。

　　麥特累壞了。因為牠深受器重、部落的大老闆之一──一位阿法（Alpha，狐獴部落對大當家的尊稱），不斷地交辦任務給牠，一下要牠做這個，一下要牠做那個。牠肩上扛的擔子愈來愈沉重。過去牠絕對不是那種整日默不吭聲，或是憤世嫉俗的人。但是，現在牠已經變成這個樣子了──一隻非常抓狂的狐獴。

介 紹

　　這個故事談論的，是有關於我們每個人現在幾乎都正面臨的重大議題：改變的速度正在加快，讓人很難看清事實，或做妥善的因應。而當我們無法避開危險，抓住機會，創造我們真正想要的結果，生活將變得很不愉快。而這一切都有可能發生，因為我們看到很多人正處於這種狀況。

　　在這裡，我們選擇以寓言的形式表達──故事中安排一些角色，包括麥特──因為寓言可以呈現重大的議題，讓許多人都很受用。而這裡所談論的議題，真的很

重要。想了解我們可以如何獲得更好的結果，我們必須
更清楚地了解，組織如何興起？為什麼它們會經常陷入
掙扎？無論它們過去曾經多麼成功，以及它們為何殞
落。我們必須更清楚地了解，有些組織是如何再度崛
起，達成它們的使命，並且創造出偉大的成就、貢獻與
財富。在這些故事裡，可以幫助我們看清楚紀律、規
畫、可靠性和效率所扮演的角色。以及熱情、願景、參
與、速度、靈活和文化的作用。此外，還談論管理與領
導力等議題，而領導力不只和辦公室裡位居要職的那些
主官有關。

　　我知道這對一本小小的書來說，分量多了一點。而
且關於這些議題，可以談論的確實還很多。但是我們認
為，現今有關於成功的一些基本觀念，很多都已經變得
模糊不清。只有當我們開始撥開重重迷霧，才有機會為
我們的企業、政府、非營利組織，以及我們自己，將二
十一世紀出現的挑戰與威脅，轉化為激勵人心的機會。
我們可以不厭其煩地討論有關於這個故事背後所呈現

的想法和見解，以及幾十年來有關於它們的研究。但是在這裡進行這樣的討論，將會破壞我們希望達到簡短、有趣、有用，而且發人深省的目標。在這本書最後的結語，將提供一些想法，談論我們的研究與這個故事中所觸及到的議題。

　　現在，我們先提供下列簡單圖表。關於組織的興衰與再崛起，以及我們每個人可以如何更快樂、更有效率的工作，向來有很多可以討論。這些我們都會在這本書

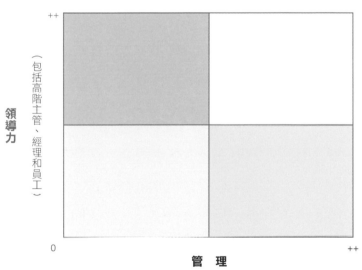

最後的結語進行探討，你可以從這個寓言故事中，看到
它們的相關性。

　　所以，先在這裡打住。我們現在回過頭來，從頭開
始敘述我們的故事。

Chapter 1

　　從前從前，有一種非常可愛的動物，人類稱牠們為狐獴。牠們居住在非洲南部的喀拉哈里，那裡既溫暖又乾燥。

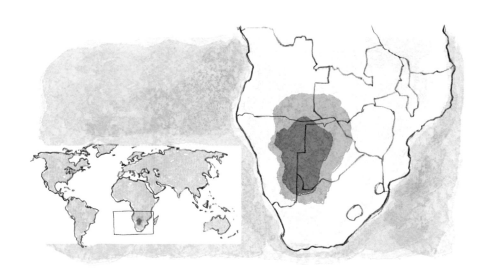

乍看之下，這塊被狐獴當作家的地方，跟牠們周圍的區域看起來都差不多。但是聰明、勤奮、忙碌，再加上一點點好運氣，牠們的祖先已經在這裡建設出一塊樂土，和別的地方完全不一樣。在牠們抵達之前，一場灌木林大火，已經把地面清理乾淨，創造一個絕佳的棲息場地。許多掠食動物都已經被那場大火趕走，而且那裡有豐富的食物，包括蠍子、鬆脆的昆蟲、小蟲子，以及各式各樣的蛋，有時候還有水果。

　　這個部落從十幾隻狐獴開始繁衍，一直增加到一百五十隻。這種規模遠遠超過一個典型的部落。狐獴一年可以生兩到四窩，每窩可以生三到五隻小寶寶。如果你計算一下──那麼，兩窩到四窩，每窩三到五隻，這之間的差別是……這樣說吧，如果大環境條件良好的話，可以多生出好多狐獴寶寶。

　　沒有一項條件比維持這個部落的良好運作更為重要，而且如你所預期的，隨著部落愈變愈大，這也成為一項愈來愈艱鉅的任務。但是，這個團體已經學會非常良好的自我管理　這是牠們的故事為什麼這麼有趣的原因之一。

　　去年春天，牠們的雨水充沛。尋找食物相對容易。生活雖然不能說毫不費力，但整體而言，過得相當好。大家都可以安居樂業，而且只要你照著部落的規矩來做事，不要惹是生非，事情都可以相當順利。

這一切有可能改變嗎？「當然啦！」幾乎每隻狐獴都會這樣說。「改變是生活的一部分。你會遇到乾季，接著變成雨季。有時我們會遇到老鷹攻擊，有時換成毒蛇，但是我們知道怎麼因應這些狀況。它有可能很棘手，但是我們有方法可以處理這樣的挑戰，我們會處理得相當好，謝謝你的關心。」

納迪雅，有創意的成員

　　納迪雅是一位聰明、喜歡冒險、充滿活力的部落成員。她的個性外向、熱情而充滿感染力，對小狐獴更是如此，似乎她走到哪兒，這些小朋友就會跟到哪兒。對她來說，這通常很有趣──雖然，這偶爾也會讓她感到困擾。

當她得知，她必須在某天中午去會見牠們的家族酋
長時，她感到有點惶恐。這是可以理解的，她幾乎從來
沒有跟牠單獨會面過。

　　她跑去問她的朋友，牠們是否知道這個會面有什麼
用意？有一位朋友知道答案。納迪雅聽說，家族酋長考
慮讓她擔任大姊姊的工作，負責照顧一窩即將可以離開
洞穴的小狐獴。

　　經過一番思考，納迪雅確定很想要這一份工作。但
是，她必須先通過家族酋長的面試，家族酋長負責這個
團體的所有人事任用決定。

　　她來到會面地點，時間還很早，她只好坐在那兒等
候，並且開始神遊。

　　「妳是納迪雅嗎？」那位家族酋長把她從白日夢中
叫醒，牠向來有嚴厲而公平的名聲。「我有一些問題要

問妳，」牠開始說：「首先……」

納迪雅對所有問題的正確答案都很有把握，這讓她有足夠的信心，掩蓋住她不由自主的緊張情緒。這個測驗對她來說一點都不困難，因為從小到大，她已經不斷地被反覆灌輸這些制式的反應。所有的答案對她來說，並不是都合情合理的。但是她明白，如果她想要獲得這份工作，她就不應該奢望在有關如何經營一個家族這個議題上，和對方展開哲學式的討論。

當家族酋長很確信這位年輕人可以承擔起這個責任時，牠提出一個問題：「妳是否願意負起全部的責任，教導小狐獴們所有必須知道的生活常識，以幫助牠們在部落裡長大成人，並且保護牠們的性命，直到牠們可以保護自己為止？」

為了通過考試，納迪雅毫不遲疑地回答：「是的，我願意！」

她結束面試，感覺很興奮。老實說，她對於自己的
新角色究竟有哪些相關的要求，並不是真的很了解。這
讓她感到有一點焦慮，不過，再次老實說，像她這樣一
隻聰明活潑的狐獴，是不太可能承認自己有這種感覺
的。

尼古拉斯，自律又敬業

尼古拉斯是納迪雅的哥哥，也是警衛隊長。牠敬業、服務周到、注重細節，而且很自律。牠同時還很聰明又英俊瀟灑……納迪雅的姊妹淘裡，大概有一半都愛上牠了。

尼古拉斯剛和警衛們開完晨間會報。牠把當天的行程都走過一遍，並且提醒警衛們要比過去更提高警覺，因為最近有些令人不安的消息。

一名警衛在靠近部落的一棵樹上發現一條眼鏡蛇，也看到一隻豺狼在附近徘徊。這些掠食性動物很喜歡享用狐獴大餐。在這兩起案例中，警衛都很確定，這兩隻掠食動物和牠們昨天看到的都不是同一隻。兩隻豺狼和兩條眼鏡蛇同時出現，是很不尋常的事。另一件可能更糟的事，有一名警衛回報，牠看到天空中有東西在飛，聽起來像是禿鷹，這種飛禽只曾從長者口中聽說過。因

為這個部落是在灌木林大火之後，才在這裡定居下來，所以沒有狐獴親眼看過禿鷹。

當尼古拉斯看到納迪雅向牠走過來的時候，牠滿腦子都還在想著剛剛聽到的事情，以及牠必須如何因應。牠已經聽說她要面試的事情，而且很確定她一定能通過考試。尼古拉斯擁抱了妹妹一下。她一路跑過來，上氣不接下氣，幾乎沒辦法說話。但是在宣布她獲得那份工作之後，她很快就注意到，哥哥正在為某些事情煩惱，所以她開口問。

「沒什麼大不了的，」牠不想讓妹妹煩惱，跟她撒了一個謊，「只是一些平常的工作。」但是，納迪雅卻追根究柢地問：「什麼工作？你是警衛隊長，但我從來沒看過你去守衛。」她面露微笑，而尼古拉斯忍不住笑了出來。「不，我不必親自去守衛。妳是知道的，我有其他工作要進行。妳真的想知道更多相關的事情嗎？」牠問。牠察覺到，也許跳脫煩惱幾分鐘，真的會對牠有

幫助。於是開口說：「妳過去並沒有表現出這麼感興趣的樣子。」

「今天跟過去不一樣，」納迪雅帶著她那令人卸下心防的熱情說。她感覺到這些訊息，現在也許對她的新工作會有用處。所以牠們坐下來，尼古拉斯開始說明。

「我負責做好計畫，安排我們需要多少警衛，並規畫好每天的警衛排班表。過去這些年來，隨著我們的部落愈來愈龐大，我們已經體會到，計畫和時間表是不可或缺的，否則有些崗位會意外地無人看守。而這有可能意味著……」牠搖搖頭，牠不須說出「有人會送命。」納迪雅心裡自然明白。

「我負責招募和訓練警衛。對於那些無法通過訓練的，我會協助牠們做些其他事情。優秀的警衛是一種專業技能，而我們必須擁有這種技能。業餘警衛？我認為那是爛點子。」

「我會根據過去這些年來我們所學習到的經驗，制定程序讓警衛遵守。我們設定很高的目標；我會預估我們遭受到攻擊的頻率，包括何時及何地。當事實並非如預期的時候，我們不想自欺欺人，自以為做得很好。過去，在部落規模還小的時候，每個人都可以看到發生什麼事情。但現在則不一樣了。

　　一旦警衛出了問題，我就必須扛起責任，盡快發現問題、分析問題、解決問題。如果我的動作慢了⋯⋯」牠再一次搖搖頭。

　　納迪雅試著擺出很感興趣的表情，但是計畫、時間表、程序、評估，以及這類的事情，聽起來，哎⋯⋯很無聊。尼古拉斯看她一臉掙扎的樣子，而牠離下一次開會還有一點時間，所以牠繼續說下去。

「妳看，想要像我們的部落這樣可靠地運作，最需
要的就是紀律與秩序，」牠一邊說，一邊在沙地上畫出
一些框框和線條。

「良好的組織是最根本的。從最上層開始，有我們
的兩位大當家阿法（Alphas）。」一公一母，就像所有
的狐獴部落一樣。

「牠們為我們決定所有重要的事情。在這之下，會有幾位二當家貝塔（Betas）。」這包括六位家族酋長，每位負責監督二十到三十隻狐獴，再加上洞穴隊長，以及警衛隊長尼古拉斯。「我們要一起確保，所有必要的工作都能夠被完成，而且部落裡的每個成員都知道該做什麼、什麼時候做，以及該怎麼做。」

尼古拉斯解釋，在過去的這段期間，每逢滿月到滿月之間的這個週期，牠們被攻擊的頻率是過去的十倍。牠向她展示，牠是如何利用樹枝，在牠們其中的一個洞穴裡，組織成某種方式，來追蹤記錄這件事情。納迪雅對此印象深刻。「我們的被擊中率少於二十分之一，」尼古拉斯的語氣中帶著一點自豪，而牠有權利這麼做，因為對狐獴部落來說，這是一個非常難得的數字。

由於對狐獴的管理術語感到一頭霧水，納迪雅問道：「什麼是被擊中率？」尼古拉斯點點頭回答：「這是指族人有多常被掠食動物捕獲，或嚴重受傷的次數，

相對於被攻擊的總數。當然，我們盡全力讓這個數字保持愈低愈好。這就是我們評量警衛工作的方式。」

納迪雅不禁對她最喜愛的哥哥由衷地佩服。雖然她發覺，光是坐在那裡評估這個、衡量那個……實在不怎麼刺激。

尼古拉斯在家族酋長下面又畫出另一個框框。「這就是妳現在身為大姊姊，被擺放的位置，」牠帶著微笑說明。牠又在這下面畫了五個框框。「而這就是妳負責照顧的狐獴寶寶。」

納迪雅有兩個立即的反應。首先，她不喜歡自己的名字被放進框框裡，雖然她了解，被放進框框裡，是因為她獲得晉升。第二，她不明白為什麼狐獴寶寶要被放進框框裡。

「但是，狐獴寶寶又不需要工作，」她提出抗議。

「錯了，」尼古拉斯說。「牠們必須工作，牠們的工作就是學會生存。而妳的工作就是教導這些狐獴寶寶學會生存。」

牠看看太陽，又看看自己的影子──基本上，這是狐獴看時間的方式──然後說：「我現在得去開另一個會了。小妹，我以妳為榮。」牠們彼此擁抱，隨後尼古拉斯便離去了。

在此同時，尼古拉斯的腦袋裡一直想著禿鷹，一種牠從小就聽說過的飛禽──彷彿不曾真實存在過，因為從來沒有狐獴親眼目睹，比較像是人類小時候會聽到的關於巫婆、精靈與龍的傳說。

你得先學會團隊的規則

納迪雅不確定在大姊姊的培訓課程中，她可以學到什麼。但是她非常渴望學習，如果她要從事這份工作，她希望可以把事情做好。當然，這也是尼古拉斯一貫的做事態度。

當她抵達訓練地點，家族酋長已經在那裡等候了。「今天，我們要先把大姊姊、大哥哥的規則複習一遍。」牠說，並且立刻把二十五人全都問了一遍。

納迪雅被要求複述這些規則，而且第一輪就答對十二題。「還不錯的開始，」酋長用牠一貫淡定的語氣說，雖然這名新學員讓牠印象深刻。

接下來的時間，牠們反覆練習著這些規則，直到納迪雅可以記住大部分的內容為止。「第五條規則是什麼？」酋長問。「絕對不可以讓狐獴寶寶落單！」「很

好。第十四條規則是什麼？」「每天都以沙浴開始，以沙浴結束。」「很好。」

「今天到此為止。」酋長總結。但是納迪雅提問：「第六條規則說，要對所有的狐獴寶寶一視同仁。為什麼這樣做是好的？」

酋長站起來，準備離開，並回答：「因為這樣可以創造最好的結果。如果我們有時間，我會在稍後跟妳解釋。明天同一時間再見。」

接下來訓練的日子，都和第一天差不多。這對於一顆充滿創意和喜歡冒險的心靈而言，實在是令人感到乏味。而針對納迪雅偶爾提出的問題，答案也幾乎千篇一律：「因為經驗顯示，它會創造最好的結果！」雖然納迪雅知道，這個答案有可能是真的，但實在無法令她感到滿意。

　　在納迪雅可以絲毫不差、完全正確地記住所有的規則之後，她懷著一絲希望的語氣問，這項訓練課程是否已經完成了。「不！」答案簡單明瞭。「這些只是規則。現在妳必須實地操作各種程序。」

　　當老師看到納迪雅一臉茫然，牠解釋：「這些規則只是告訴妳該做什麼，而不是該如何做。該如何做，是將我們已經牢記的規則，以最好的方式來執行我們的任務。」從牠的語氣聽來，你可能會以為除了牠太太之外，規則和程序就是牠的最愛。

　　酋長看到這種情況，牠的右腳開始在又乾又硬的地面上拍打著，發出砰砰砰的聲音。這是牠第一次對自己的新學員表現出有點不耐煩的樣子。

　　「好了，」牠嘆了口氣。「第十四條規則是什麼？」「每天都以沙浴開始，以沙浴結束！」納迪雅像子彈發射般的速度回答。

「很好，但是妳要怎麼進行沙浴？」

「嗯，我會……」她想了一會兒。然後說明她會如何讓寶寶自己洗澡的方式。

酋長打斷她。「相當接近了，但還不完全是進行沙浴最好的方式。讓我來為妳說明，妳一開始要……」

牠說明了牠的做法。經驗證明，這是最好的一種方式。所以牠們就照著這個方式做。

酋長唱完獨腳戲後問道：「清楚了嗎？」「非常清楚！」這是預期中的答案，而納迪雅聽到自己這麼說。

「如果我有一個新點子可以改善我們做這件事的方法，我可以直接試試看嗎？」納迪雅問。

　　「嗯，不行，」酋長謹慎回答。「我們有大哥哥與大姊姊規則與程序小組。」即使當牠這麼說的時候，牠自己也曉得，這在納迪雅聽來，一定會覺得相當冗長與繁瑣。「牠們每個月開一次會，檢視規則和程序，並且討論改善的建議與主張。改善是好事，也是必要的！這很明顯。但是，妳不能隨口就說：『妳覺得什麼可能比較好，就來試試看。』這其中有很多因素。」

納迪雅耐心聽下去。

家族酋長的腳拍打著地面，繼續說：「想想看以下這種情形：如果妳嘗試了自以為比較好的方法，結果讓一名狐獴寶寶受傷了，妳會有什麼感覺？」牠揚起眉毛說：「這種事情發生過。」

想到有可能意外傷害到無辜的狐獴寶寶，納迪雅的確嚇壞了。

「今天到此為止吧，」她的老師說。「明天見。」

納迪雅一個人獨自留在那裡，心中五味雜陳。往好的方面想：她已經有很大的進步，而且保證一定可以很輕易地學會所有的規則與程序，以及最好的應用。往壞的方面想：她已經開始心生抗拒，而且對於自己新角色的熱情，已經一路從一百分降到八十分，到六十分。在還沒降到四十分之前，她覺得必須再和尼古拉斯聊聊。

在她對於框框、計畫、評量、規則、程序，以及這類事情的必要性，發出大聲質疑之前，牠們已經有過一兩次對話。然後，尼古拉斯會面帶微笑，以一種充滿關愛而非高高在上的態度問她：妳覺得在部落的生活過得如何？這句話真是對話殺手，因為答案是：生活過得很不錯。所以如果部落欣欣向榮，那麼尼古拉斯稱之為「狐獴式管理」的這個東西，是真的有用而且是必要的。

「妳的學習進行得如何？」尼古拉斯看著納迪雅，答案似乎很清楚。「妳不喜歡這種種規則？」

「我知道它們是必要的。我不是笨蛋。但是它們似乎是如此的⋯⋯」──納迪雅在找一個合適的字眼來形容──「受限！」然後她說：「這樣哪裡會有玩耍、嘗試，和學習新事物的樂趣和興奮感？」

尼古拉斯想了一下，才回答：「納迪雅，有時候，

有些事情比好玩、有創意更重要。這些規則和程序可以幫助妳完成妳和部落最在乎的事情。」在刻意地暫停一下之後，牠繼續說：「這是為了讓妳的狐獴寶寶學習和生存，並且為牠們做好準備，好讓牠們在艱困的環境裡可以正常地成長。」

那天晚上，納迪雅想清楚了。她要做好她的新工作。不，事實上，要非常好。而且如果這些規則、程序，以及其他種種類似的事情是必要的，她將全盤接受。

隔天，她的老師立刻注意到她的改變。納迪雅不再問一堆為什麼的問題，相反的，她反覆背誦、練習那些老師教過的內容，比有史以來任何一位受訓者還要快，還要好。幾天之後，家族酋長向阿法報告，納迪雅很快就可以準備好開始她的新工作了。

與此同時，她現在開始帶著全新的眼光來觀看這個部落。納迪雅更靠近地觀察狐獴如何清理洞穴，挖掘新渠

道，守衛、飼養幼兒，保持會議場地的整潔，狩獵，照顧
病患或傷者，以及解決大大小小的紛爭。從小到大，她一
直把這一切視為理所當然。隨著部落愈來愈龐大，工作也
勢必變得愈來愈複雜。她現在認為，這一切都太令人驚訝
了，這一切竟然都運作地如此井然有序，日復一日，周而
復始。她現在了解她哥哥所說的話了，就是這些計畫、線
條、框框、程序，以及其他地稱之為管理的東西，讓這一
切成為可能。或至少地是這麼説的。如果這是真的——起
碼她開始願意相信這是真的——那麼這些管理的內容，的
確令人驚訝。或至少有令人感到驚訝的潛力。

　　然而，納迪雅骨子裡有創意的那部分，卻忍不住好
奇，會不會有哪些地方不對勁？或至少缺了些什麼？

Chapter 2

　　納迪雅正在回家的路上，她突然聽到警報聲響起！
她本能地四處張望一下，然而什麼也……沒有。然後，
她感覺到有一個陰影，抬頭一看。

哇！頭頂上有一隻正在飛的⋯⋯又巨大，又醜陋，而且以令人難以置信的速度移動。

有兩隻狐獴寶寶正在她身旁和一隻蝴蝶玩耍，完全沉浸在牠們的遊戲之中。納迪雅本能地抓住牠們，把牠們拖進一個最靠近的洞穴裡。

安全地躲在洞穴裡，納迪雅聽到洞穴外許多尖叫聲，可怕的尖叫聲，她聽到狐獴腳步狂奔的聲音。但是突然之間，全都停止了，和開始的速度一樣快。

她讓狐獴寶寶安全地躲在她的後面，然後，小心翼翼地把頭探出洞穴。當時她目睹的情景，是她從來沒看過的。

　　那些靠近被攻擊的地方，都深受重創。大部分的狐
獴都沒見過禿鷹，因為這種飛禽來無影，去無蹤。而這
些從未見過禿鷹的狐獴，都努力地想弄清楚，究竟發生
了什麼事。

　　一小時之內，牠們的阿法，一位叫摩洛，一位叫瑪
拉，立即召開了緊急會議。瑪拉大發雷霆，她是兩位阿
法中比較情緒化的那位。

怎麼會發生這種事 ?!

　　瑪拉對著六位家族酋長、警衛隊長，以及洞穴隊長咆哮。禿鷹襲擊中兩戶人家。至少有一隻狐獴失蹤，兩隻受傷。

　　沒有人想要先開口。瑪拉打破沉默：「保護族人是你們最重要的工作！」她大吼，一邊瞪著那兩位有族人受到攻擊的家族酋長。

　　在一陣明顯的沉默之後，一位家族酋長終於開口說話了：「我們已經盡了全力，但是在警報聲響起和遭受攻擊這之間，根本沒有足夠的時間應付。」牠把頭轉過去，盯著警衛隊長。

　　所有的目光都轉向尼古拉斯。牠如實地告訴大家：「根據最靠近的值班警衛報告，警報響起和遭到攻擊的時間之間，符合我們所同意的最低標準。」然後牠轉向

洞穴隊長問:「我們在遭受攻擊的地區,有足夠的洞穴足以躲避嗎?」

所有的目光都跟著尼古拉斯移動。洞穴隊長眨一眨眼睛,回頭看著大家。然後牠的臉色一沉,開口說:「嗯,我無法判斷值班警衛的報告到底有多可靠。」牠停頓了一下。「但是我的挖洞人員確認,所有洞穴都有被完善地照顧,而且都能夠就近使用。」

所有的目光,似乎都自動且一致地瞄向第二位家族酋長。牠的表情已經從困惑、難過,轉而開始準備防衛──這對瑪拉來說,一點都沒有用。她的臉脹得一片通紅,沒看過任何一隻狐獴可以氣成這個樣子。「這是無法容忍的!」她怒吼一聲,斷然結束會議,並且安排在當日稍後舉行另一次會議。

與此同時,納迪雅心煩意亂。她不斷地想著那些狐獴寶寶,而她的情緒全寫在臉上。尼古拉斯的心情也糟

透了，但是牠在很久以前就學會了，在工作中不應該表現出情緒。牠必須有所作為。所以在阿法還未展開另外一次會議之前，尼古拉斯已經立刻採取行動。

牠指派兩名警衛，負責找出可以縮短牠們反應時間的方法。牠指派其他兩位，負責找出執行每樣工作更有效率的方法，這樣牠們才可以釋放出一些資源，來增加一個，或更理想的狀況是，增加兩個以上的瞭望地點。牠自己則負責決定，哪裡是配置新警衛的最好地點。

一位同事貝塔，也以類似的方式快速反應。其他兩位則似乎花掉牠們大部分的時間在找尋藉口，證明這些問題為什麼不是牠們的錯。

在接下來的幾天與幾週，禿鷹攻擊的次數增加了。而這似乎還不夠，雨季也姍姍來遲。

狐獴不需要喝太多水，只要牠們有美味多汁的昆蟲

或爬蟲類可以吃。但是當雨季遲遲不來的時候,想要找到這些水分充足的食物,變得愈來愈困難。這些可憐的小動物,為了求生存,就得靠自己的力氣往土裡愈挖愈深,來尋找水分。牠們停止了任何必須消耗能量的活動,除了在這種狀況下的一些緊急應變措施,而這些緊急應變措施像是繁殖後代……對狐獴來說,則同時意味著食物和水都將變得更少。

部落裡的壓力急遽升高。阿法和貝塔的會議變得苦不堪言。瑪拉不斷要求提供更多有關於水和食物供應問題的資料。但沒有族人有全部的資料,或有時間去找這些資料。這讓瑪拉很鬱卒。

「我要你們提出未來如何評量食物供需狀況的計畫,」她嘶吼著滿口的狐獴管理術語,並指著三名家族酋長說:「下次開會的時候可以給我嗎?」這些貝塔們早已經驗豐富,知道在這種情況下,唯一的答案就是:「遵命。」

尼古拉斯很痛恨牠們幾乎一直停滯不前。如果阿法和貝塔之間可以多點合作，少點互相指責，肯定會有些幫助。但是即便如此⋯⋯也做不到。牠想，心胸狹小，也許就是狐獴的天性吧。所以牠比以前更加努力工作。

　　經過幾個晚上的睡眠不足，尼古拉斯開始感到自己不如往常強壯與有自信。

　　納迪雅除了擔心狐獴寶寶之外,她發現當下此刻必須去做的事情,是去思考一個更重要的問題。她思索著:禿鷹是從哪兒突然冒出來的?沒有人知道。牠來得又急又快,而且在短短的期間內,就遍布各地。會不會是因為乾旱逼得牠必須擴大掠食的範圍?而當她把這一切都連結在一起,一種愈來愈不安的想法,重重地壓在她身上。如果這是真的,禿鷹可能只是第一個出現的新威脅。會不會有更多掠食動物很快地相繼出現?

爬上樹頂守衛

當尼古拉斯一年前招募阿佑的時候，牠就一直想成為一名警衛，一名偉大的警衛。牠的一些朋友將此視為一種義務，或是某件身為部落成員必須去做的事情。對阿佑而言，則有更多的意義。當牠負責守衛的時候，牠會百分之百地投入。當牠沒有在守衛的時候，牠滿腦子想的還是關於守衛的事情，不只是想著要怎麼把這件事做好，而且是想著要做到完美。牠不由自主地就是會這個樣子。牠是個道地的警衛狂。

當阿佑從牠的崗哨下班時，遇到最要好的朋友納迪雅。牠們從小就喜歡玩在一起，雖然牠們在某些方面很不一樣——納迪雅活潑外向，是個好奇寶寶，而且興趣廣泛；阿佑則非常專注，讓我們這麼說吧，牠缺乏很好的社交技巧。

阿佑用牠一貫神經質、又帶點突兀的方式說：「來

52

吧，我帶妳去看一樣東西。」然後就把她往前拉走了。
雖然她被這些困惑與危機弄得有些心神不寧，她仍然毫
不遲疑地跟著牠走。

　　牠們來到最大的一棵樹旁邊。「我們爬上去吧！」
牠一邊說，一邊跳到樹上，用牠銳利的爪子插入樹幹，
把牠的身體往上拉了幾英尺。

　　「我不會爬樹。」納迪雅說。
　　「妳怎麼這麼認為？」阿佑問。
　　「我以前從來沒爬過。」納迪雅說，她立刻發現自
己的回答實在沒什麼道理。

　　幾分鐘之後，牠們已經離地大約三十英尺高。
　　「我絕不再往上爬了。」納迪雅語氣堅定地說。

　　「妳可以不往上爬，但請看看四周！」阿佑說。
　　牠們分別或站或趴在粗壯的樹枝上，俯瞰大地。

「哇！」納迪雅忍不住地驚呼。這是她長久以來所做過與看過，最令人驚訝的事情了。

　　接下來，阿佑不斷地說著牠們即將如何徹底改造守衛的方式。「從這裡看下去，妳可以比在地面上更快發現危險的攻擊物，這可以給我們更多反應的時間。妳可以更快地看到可怕的禿鷹正向我們飛來！是吧？」

　　是的，確實如此，納迪雅心想。這實在是太棒的主意了。牠們必須告訴尼古拉斯。

會議、評量、任務小組、政策、規畫……

兩位阿法比以前更常開會。牠們倆有很長的對話，討論關於有哪幾位貝塔不適任牠們的工作，還有關於誰已經準備好接替這些工作，以及當牠們把這些壞消息告訴那些不適任者，因而產生無法避免的激烈衝突時，牠們如何做最妥善的處理。

阿法和貝塔每天早上和下午都會一起開會。牠們決定採取的行動如下：

- 檢視牠們處理被蛇攻擊的方法。目前的程序，是依據過去幾年發展出來的，有十個步驟。在討論了兩小時關於第四個步驟的後半部流程之後，牠們組成了一個相當於狐獴任務編組的團隊，並且要求牠們來完成這項工作。

- 檢視牠們本身的組織架構。兩名家族酋長（依據邏輯）主張，裁撤警衛與洞穴工程單位，將牠們的工作整併到家族單位。相反的，洞穴隊長則建議，整建洞穴與警衛工作都應該統整在隊長職責之下，以加強牠們的效用。

- 進一步討論，新制定的捕獲與消耗食物評量方式的第一個版本。新的計畫看起來更合情合理，但是必須採取二十三種評量措施。

- 針對訓練全部落學習（重新學習）／練習，四個警報信號，以及採取適當反應的新訓練計畫進行測試。

	低度警報	高度警報
地面攻擊	信號 1	信號 2
空中攻擊	信號 3	信號 4

當牠們沒在開會的時候，這兩位大當家，變得比以前更喜歡發號施令與掌控一切，而且瑪拉比摩洛更會驅使大家。何樂而不為呢？瑪拉在這方面比誰都更有經驗。她知道的最多。所以她一直說、說、說──或者更像是在吼、吼、吼。她給自己很大的壓力，從不休息，對別人也同樣如此要求。後果之一是，這些貝塔和部落裡的許多成員都快累垮了。突然之間，牠們的工作不僅變得嚴苛，而且讓人吃不消。

族人開始議論紛紛，牠們的老闆們一直開會，到底都在做些什麼。那些容易焦慮，或從來不信任上級的成員們，在上層缺乏溝通的狀況下，開始散播各種不實的消息。阿法所提出的任何重大政策，真正能夠了解的狐獴，恐怕不超過半打。

然後，再加上食物缺乏的問題，後果愈來愈嚴重，這使得大家的生活變得雪上加霜。

接下來，狐獴身上看不出任何贅肉，好像是每天上健身房似的。好處是：由於牠們的基因組成，使得牠們不必到喀拉哈里健身俱樂部受苦，身上永遠不會多長出一丁點的贅肉。不太好的是：牠們完全無法儲存任何脂肪。兩天沒有食物吃，就會是個嚴重的問題，三天沒得吃，則可能會致命。由於愈來愈難找到足夠的食物，愈來愈多狐獴開始只顧自己的死活。強欺弱，偷取東西的情形開始發生。

　　當阿法聽說這些狀況，牠們下令貝塔必須阻止牠們
的家族、牠們的警衛，或牠們的洞穴工人做這種事，避
免讓部落淪落到惡者生存的狀況。貝塔對大家的訓誡產
生了一些效果，但是並不能免除這個問題。絕望的狐獴
在進行自我保護的行為時，牠們變得更加小心謹慎了。

最後一根稻草

　　阿佑從樹上下來，牠一直待在樹上進行牠的守衛工作。牠已經輪完班，接替的警衛也已經抵達，並告訴牠：「尼古拉斯要見你。」

　　終於！阿佑心想。牠一直想要找機會跟牠的長官說話，報告牠的新發現，但是尼古拉斯似乎都在忙碌著開會，和其他的貝塔討論，或是在忙其他事情。雖然阿佑已經一整天沒吃東西了，但是牠感到興奮。現在牠可以向尼古拉斯報告牠的想法了。

　　阿佑還來不及開口，尼古拉斯就帶著一臉冷峻、疲憊、難看的臉色，語氣堅定地說：「阿佑，有其他警衛向我報告，你違反了守衛的程序。你在站崗的時候，爬到樹上去，這是真的嗎？」

　　阿佑並沒有被尼古拉斯的話和語氣嚇到，而是同樣

堅定地說：「是的，確實如此。當我站在樹上，我可以看得更遠，而且……」

「停！」尼古拉斯嚴厲地打斷牠。「不管在任何情況下，警衛都不可以擅自離開崗位！這不是我們這裡做事的方法！絕對不可以這樣！你明白這點！你腦袋裡到底在想些什麼？你不能夠嚴守紀律，實在非常令我失望，而且在這種情況下，是不可原諒的。我們必須百分之百有把握，警衛會做好牠們的工作。我將被迫要把你的案子報到委員會裡處置，把你另派他用。你將不能繼續再擔任警衛了。」

阿佑不敢相信牠所聽到的。「尼古拉斯，我已經找到一個方法，可以讓警衛的工作做得更好……」

「阿佑，你的好意並不重要。我沒有時間再進一步跟你討論這件事。我真的非常抱歉。」尼古拉斯轉身便離去。

阿佑傻眼了。牠一路跌跌撞撞，然後倒在附近的灌木叢裡。牠不知道自己是該大叫，還是痛哭。

　　當納迪雅聽到她英雄般的老哥的所做所為，也傻眼了。她試著去找尼古拉斯，但被告知牠正在開會。所以她去陪伴阿佑。

　　這兩隻失意、困惑、沮喪的狐獴，聊了很多。直到阿佑安靜下來，茫然地凝視著。然後說：「納迪雅，我無法像這樣過日子，我已經無能為力了，我被打敗了。大家都瘋了！我要離開這個部落，我會去尋找另一個部落，也許在那裡，我還可以有一點用處。」

　　納迪雅看起來被嚇壞了。

　　「我不是第一個走的，」阿佑告訴她。「最好的洞穴工匠和其他兩位，昨天已經離開了。」納迪雅也聽說祖柏里，那位挖洞穴的好手，也許還有牠幾位很能幹的朋友，都離開了。

　　除了尼古拉斯，阿佑就是納迪雅最親近的人了。她無法想像她的朋友，這個除了守衛，對其他事情幾乎一無所知的人，可以獨自在沙漠裡生存。「事到如今，」她脫口而出，「我就跟你一起走。」

　　有一個想法已經在她心中盤旋好幾天了。她想，其他的狐獴部落，一定也遭遇到類似的問題。牠們是怎麼因應的？絕對至少有一個部落已經發現更好的辦法，一定有某些狐獴找出解決問題的辦法，並且把這些知識帶回給牠們的朋友和家族。

　　她把這個獨特的想法和阿佑分享。而且牠們都一致同意：為什麼，所謂的「某些狐獴」，不應該就是牠們倆呢？

　　納迪雅又去找尼古拉斯，這次是要讓牠知道，她和阿佑已經決定離開，並且要去尋找一個比牠們的部落更善於處理各種新挑戰的解決方案。一如往常，牠總是匆

匆忙忙，當納迪雅在說話的時候，不斷地被催趕。

「尼古拉斯，你有沒有在聽？」她大吼一聲，連自己都嚇一跳。「我要離開部落了。」

牠停下來檢視一長串的待辦事項，然後抬起頭來看看牠妹妹。「妳在說什麼？妳不是認真的吧？納迪雅，妳有什麼不對勁？」

「所有的事情都不對勁！」她說：「這個部落正在崩解，而所有的委員會在做的，就只是在說教、訓話，我已經受夠了！」

然後，過去幾個星期所累積下來的挫折感，現在從她口中宣洩而出。「我已經受夠了，看到你如何把自己逼到精疲力竭。我已經受夠了，看到我們之中有些人只顧自己的死活。我已經受夠了，聽到那些人無止境地怪罪他人。我已經受夠了，沒有人願意傾聽那些有想法的

人，牠們的方法可以讓事情做得更好，遠遠超乎那些你們原本都視為是最好、而且是唯一的方法。我已經受夠了，看到那些有心幫忙的人，被潑了一頭冷水，並且被告知閉上嘴巴，等候命令。而那些委員會，包括你，表現得好像你們完全沒看到這些事情發生。」

她說，她想要去尋找那些更懂得如何因應這些新威脅的部落，並且把這些知識帶回來。尼古拉斯盯著她，彷彿她正說著火星文。

「事情會好轉的，」牠說，聽起來不太有說服力。「我的警衛已經在過去幾天成功地完成了幾項計畫。而妳自己也曾感受到，我們有很大的優勢，幫助我們繁榮了好多年。」

納迪雅疲憊地點點頭，沒有再多說什麼——她了解到，已經沒什麼好說的了。

這**不是**
............我們做事的方法！

「妳知道的，到處流浪太危險了！」尼古拉斯說。

「是的，我知道，尼古拉斯，」她說：「這讓我感到很害怕。但是這裡已經沒有希望了。而沒有了希望，生活是無法忍受的。也許阿佑和我找不到任何比我們做得更好的部落，但是我不相信會是這樣。我們一定得去試試看。」

狐獴有一種特異功能，可以真的關閉牠們的耳朵。這是大自然奇特的創造，當牠們在挖洞穴的時候，為了避免沙子跑進頭部。但是，尼古拉斯此刻並沒有在挖洞穴，納迪雅可以感覺到，她的哥哥已經把耳朵緊緊關閉起來了。

她緊緊地擁抱尼古拉斯好一會兒，然後把牠推開，快速地轉身跑開，這樣牠才不會看見她在流淚。她利用

那天下午的最後幾個小時，安排好另一位大姊姊來照顧她的狐獴寶寶，並思索著這一切。

　　這實在沒什麼道理。她才剛剛開始相信，她的哥哥和她的部落做得這麼好，狐獴式管理真的了不起，但是現在卻完全無法處理牠們所面臨的問題。

　　難道這些框框、計畫、規則都無法應付⋯⋯應付什麼？應付禿鷹嗎？但是，她覺得事情並不完全是這麼一回事。它牽涉的層面更廣泛。它是關於新的挑戰，而這些新的挑戰，來得又急又快，牠們還來不及找出解決方法和因應對策。隨著這一切變化，狐獴式管理的反應，只是看到領導者開始更頻繁地大吼大叫，而這對事情一點幫助也沒有。牠們拒絕有創意的點子，例如阿佑的建議，因為這不是牠們做事情的方法，一種牠們已經運作得這麼好、運作得這麼久的方法。而這對事情一點幫助也沒有。

日落時分，阿佑和納迪雅一起離開了。

Chapter 3

展開探索旅程

　　納迪雅和阿佑決定利用晚上以最快的速度前進，白天則睡在廢棄的洞穴裡。這樣牠們移動的速度也許會緩慢一些，但是會安全許多。

　　牠們花了兩天才找到另一個部落。牠們在黎明前抵達，坐在那裡等待狐獴們甦醒過來。當這些狐獴紛紛爬出洞穴，牠們估計，大約有六十到八十隻。

　　「太奇怪了，」納迪雅對阿佑說：「好像沒有發現我們的存在。」

「守衛太鬆散了。」阿佑回答。

牠們坐在那裡觀察這個部落。看起來並不妙。

牠們馬上就發現，牠們的家鄉與這裡的焦慮程度比
起來，一切都顯得相對平靜許多。雖然這裡大部分的狐
獴都忙得暈頭轉向，但是看不出來牠們究竟完成了哪些
事情。那些看起來像是負責管事的，一直在大吼大叫，
就像家鄉的情況一樣，只是這裡吼得更凶。而牠們甚至
連日常的例行事務——例如，餵養狐獴寶寶、維修坍崩
的洞穴——也做不好。

當納迪雅試著想和這個部落的成員說話，她總是
聽到對方說：「對不起，我正在忙，沒有時間。我必
須……」然後，那些狐獴就跑走了。當她終於攔下一名
忙碌的小夥子，才得知這個部落正忙於應付許多和她老
家同樣面臨的挑戰。但是，就如同她所觀察到的：尼古
拉斯身為警衛隊長每天要做的例行公事，即使在面對突

然發生的緊急狀況下，也一定會照常進行。對這個團體
來說，這幾乎像是天方夜譚。至於改革性的主張，以因
應這些可怕的新狀況，她幾乎完全沒聽到。

　　要搞清楚誰是這個部落的阿法並不困難。不論牠們
走到哪裡，後面都會尾隨八到十隻的跟班。至於部落其
他成員，似乎都很想避開牠們的老闆，當牠們靠近時，
這些狐獴都紛紛鳥獸散。

納迪雅和阿佑在當天晚上聊了許多。牠們忍不住這樣想：這個部落注定會完蛋。這真是個可怕的想法。

納迪雅想：我們可以從中學習到一些教訓。但是她需要多一點時間去想清楚。不過，很清楚的是，繼續留在這個注定會完蛋的部落，而且無能為力幫助牠們，實在沒有任何意義。

這兩位旅人只停留一天，就離開了。

牠們很快就遇到其他的部落。但是由於乾旱，大部分都不歡迎新成員，甚至有幾個部落還驅趕牠們。另外幾個則像那個看起來快完蛋的部落一樣，或是類似牠們縮小版的老家。

在寒冷的夜晚行走，吃的食物比平常的分量少，這一路下來，很快就把牠們累壞了。但是每當牠們之中有人大聲懷疑是否應該繼續尋找下去，另一個就會用話語

或手勢為彼此加油。所以牠們繼續努力下去。

　　偶爾，牠們會遇到其他流浪者，但是牠們大部分都有點……奇怪。所以當牠們遇到麥特的時候，起初也帶著懷疑的態度。

　　麥特比大部分的狐獴長得高，而且比納迪雅和阿佑的年紀都大些。從牠們的研判看來，牠已經流浪相當長一段時間了。

　　經過流浪者彼此問候一番後，納迪雅問牠為什麼會淪落到孤單地在喀拉哈里流浪。

　　麥特的故事是個悲劇，牠的部落面對新的威脅束手無策，最後只能眼看著它土崩瓦解，家族分崩離析，守衛變得雜亂無章。最後，只剩下洞穴被用心、細心地維護著，甚至被加以擴大，但是僅剩一半的族人來做這些工作。而麥特正是負責洞穴的貝塔。

阿佑立刻喜歡上這位新朋友，因為很明顯的，牠對工作要求的標準很高，而且很認真。納迪雅則立刻聯想到她哥哥，她非常想念牠，而她猜測尼古拉斯和麥特應該有很多共同點。

　　「加入我們吧！」她毫不思索地對麥特說。阿佑遲疑了一會兒，很顯然地是在考慮，然後點點頭。麥特很驚訝，但很高興，牠很爽快地答應了。

　　牠們三人短暫地休息一下。麥特告訴牠的新夥伴：「我聽說有一個新成立的部落，很樂於接受新的成員，有足夠的食物，而且還沒被禿鷹或蛇群襲擊過。」

　　這的確引起納迪雅和阿佑的興趣。

　　「我還沒辦法找到牠們，我已經找了三天了。」麥特根據牠流浪的旅程，在泥土上精心畫出一個詳細的地圖，再畫出一處平原。然後手指著地圖上的一點，說：

「聽說牠們就在這兒附近。」

　　阿佑抓著麥特，把牠拉到附近的一棵大樹下。牠要麥特跟著牠往上爬，不到一分鐘，牠們就爬到樹頂了。

　　「如果是你，你會把部落安置在哪裡？」阿佑問。

　　「哇！」麥特驚呼，和納迪雅第一次從樹上看出去的感覺很類似。牠必須花一點時間，消化這些從新角度看到的壯麗景觀，才能弄清楚牠所看到的一切。在短暫的停頓之後，牠指向五公里之外的一個地方，回答：「那裡！」

　　牠們再度在夜晚展開行程。就在第二天早上，納迪雅、阿佑和麥特，發現一個小部落。而且只須花上幾分鐘，就可以看出它的與眾不同。

很不一樣的討論方式

　　這個部落大概只有十幾隻狐獴，而牠們圍著圓圈坐在一起。當納迪雅、阿佑和麥特抵達的時候，牠們好像剛要開會。看到牠們大都面露微笑，或至少看起來沒有敵意。領導這個團體的狐獴，稍後得知她名叫莉娜，請這三位流浪者坐在團體旁邊，等待牠們開完會議。然後牠們以下列這種方式展開會議：

「今年的雨季晚到了，我們知道從來沒這麼晚過。到目前為止我們還算機靈因應，沒有讓這個問題造成太大的困擾。」她微笑看著其他夥伴。「不知道為什麼會這樣？我們也沒辦法要求老天爺下雨。」

兩隻狐獴竊笑著。

「但是，」她繼續說：「我們可以做的是：做好準備，以防萬 明天、後天，甚至一星期、兩星期之後，還是沒下雨。是吧？」

其他人暫且點點頭。

「我們從來都不希望遇上這樣的問題，但是如果能找到一個靈巧的解決辦法，就可以讓我們的部落變得更堅強、更優秀，足以化危機為轉機。」

莉娜再度展露微笑，而團體裡大部分的狐獴也再度點頭。納迪雅被這個情景迷住了。

莉娜繼續說：「有沒有人願意自告奮勇，站出來談一談，我們可以如何更善加利用這個⋯⋯機會？」

一隻害羞的手，首先舉了起來，幾乎沒有成員注意到，但是莉娜馬上說：「來，塔木。讓我們為塔木掌聲鼓勵。」

大家真的這麼做了。那些知道莉娜曾經鼓勵塔木擔任志工的狐獴，帶著微笑，鼓掌得特別大聲。

「讓我們先收集一些想法，」塔木試著小聲地說。「請先不要對任何想法提出評論，就只是先收集。」

狐獴開始大聲說出自己的想法。塔木把每個想法記錄在會議圈內的泥地上。當一個建議才剛被提出，塔木還來不及記錄在泥地上，另一隻狐獴就迫不及待提出一個改善這個建議的意見。這個建議的發想者，想了一下，就笑著用力點點頭。

當塔木收集了七個建議，而且沒有新的想法再湧現時，牠邀請大家用腳投票，選出牠們最喜歡的選項。除了兩隻狐獴之外，其他成員都把票投給三個建議中的一個。塔木建議把焦點放在這三個方案，其他的狐獴都欣然同意。牠邀請參與的成員說說，在這三個提案中，牠們最喜歡哪個提案，原因是什麼。然後牠問其他成員，牠們在每個建議中看到哪些潛在問題。

接下來的討論則開始調整三個提案中的兩個，以新的方式，加強狐獴喜歡的部分，減少不喜歡的部分。納迪雅張大雙眼目睹這一切，她從來沒有看過如此不可思議的討論。

「我們可以三個方案都進行嗎？」塔木最後問。

「不可以！」大家幾乎異口同聲地回答。

「你願意支持獲得最多票數的方案嗎？」

「願意！」成員都回答得很用力。

所以大家都用腳再投一次票，結果有一個方案很明顯地勝出。它就是「食物共享」方案。

這個概念很簡單，但實施起來卻困難重重。「食物共享」意味著，你不再是吃自己找到的食物，而是要用某些方式，採集超過一隻狐獴所必需的食物，以確保有剩餘的食物供應給需要的族人。很簡單的概念，但在狐獴的世界裡卻是很先進的想法。

「大家對第二方案有什麼看法？」塔木問。有些成員建議把它當作備案，如果食物共享的想法不切實際，就回到第二方案。大家似乎都同意。然後不約而同地看看莉娜，她面帶微笑點點頭。

「我們會需要一些志工，」她告訴大家，「我們需要有人帶頭弄清楚，如何做到食物共享，然後讓它付諸實行。誰願意來幫這個忙？」

　　有五位成員舉手。「非常好，」莉娜說：「讓我們謝謝塔木，為我們進行一個非常有效的討論。」所有的成員都向塔木道謝。會議圓滿結束了。

　　當成員散去，負責開始和結束這場會議的狐獴，走向這三位新來的。「嗨！我是莉娜。請問各位是？」

　　牠們自我介紹，並且簡短說明各自的故事。莉娜靜靜聆聽，沒有打斷。當牠們說完，她表示非常歡迎牠們加入這個部落。牠們高興地回答，如果真可以這樣，那真是牠們的榮幸。

　　「禿鷹來過這裡嗎？」阿佑問。

　　「喔，是的，」莉娜說：「禿鷹來過這裡，但沒有造成任何傷害。我們每位成員都是部落裡所謂的『警衛』。所以當我們團體中有人看到禿鷹，就會使盡渾身力氣大叫，直到大家都聽到了，並趕快躲進洞穴，就這

樣逃過一劫。在第一次攻擊之後，薩杜帶領一個小組，協助發展出一套方法，讓我們可以更安全。你應該跟牠聊聊，讓牠為你說明。牠會很樂意這麼做。我們已經有一陣子沒有看到禿鷹了。牠一定可以在其他地方，用比較輕鬆、不費力的方式掠食。」

有一隻狐獴呼喊著莉娜的名字，於是她先告辭，去探望一隻生了重病的族人。

納迪雅滿腦子問題，真不知該從何開始。但是，她和阿佑、麥特得先找點東西吃，並且休息一下。

當她醒過來，立刻跑去詢問，該如何才能和莉娜預約見個面，結果只看到大家瞪大兩隻眼睛看著她。「就直接去找她呀！」每隻狐獴都這麼說。納迪雅照辦了。

食物共享和其他不尋常的運作

納迪雅得知，這個部落才剛成立沒幾個月。它是由莉娜和其他七位夥伴共同創立的，這七位夥伴是從比較大的部落離家出走而來，因為牠們討厭原來部落裡的運作方式。現在牠們則可以照自己的方式來做事。

為了更清楚了解牠們如何運作，莉娜鼓勵納迪雅參加當天下午食物共享志工小組的第一次會議。

塔木遲到了一會兒，小組成員已經舒服地坐在被當作會議場所的大樹蔭下。「抱歉遲到了。」塔木說。

「沒關係，」其中一位成員說：「我們才正在討論該由誰來帶領這個小組。」塔木發現所有的目光都在牠身上，眼神中充滿著友善與鼓勵。雖然如此，還是讓牠感覺到有點不白在。

「你們的意思是……」塔木問。

「是的，塔木，」一隻狐獴說：「我們希望你來領導這個小組。你願意嗎？」

牠的心裡百感交集，但這是一個令人開心的時刻。牠在原來的部落裡扮演著微不足道的角色。在牠的家族部落分崩離析之後，牠四處流浪，孤獨害怕地尋找一個新家。「我願意。」牠聽到自己這麼說。其他幾位成員都用力地拍著爪子。

接下來，牠們開始討論成功的食物共享應該會是什麼樣子，如何幫助族人看到這麼做的好處，可以做些什麼來激勵其他成員，以便盡快落實這項大家一致通過的好方案。

「難道我們不能直接命令大家分享食物嗎？」一位沒耐心的新成員建議。但是另一位成員說：「在我們的部落裡，沒有任何成員有權力命令其他成員做任何事。這不是我們這裡做事情的方式！」

　　這位新成員眨了眨眼睛。自從牠加入這個團體之後，對於這樣的經驗牠已經見怪不怪了。然而，這依然是相當前衛的做法。

　　大家來來回回地討論著，關於如何落實食物共享的概念，直到有人終於提出建議，「如果我們把最新加入的成員算進來，我們部落總共有十五隻狐獴，我們的小組裡就有五位。如果先從我們五位開始，共享我們找到的食物，你們認為如何？」

　　在沒有更好意見的狀況下，牠們決議，這值得一試，所以牠們就這麼進行了。

　　隔天，牠們圍坐成半圓形，所有小組成員都把捕獲的食物放到一個盤子裡，這個盤子是一位成員用一塊空心木頭製成的，上面還點綴著葉子。沒多久，幾個好奇的傢伙就先來到這個看起來很奇特的現場，其中幾位早已飢腸轆轆。第二天，八隻狐獴聚在同個地方，分享牠

們的食物；再隔天，則來了十隻。納迪雅認為，當天從盤子上取走食物的族人，會在隔天試著更努力狩獵，並將食物帶到部落的午餐分享。沒有人會去斤斤計較，甚至連想都沒想過，但是跟共享儀式開始之前比起來，這些狐獴的確找到更多食物，而非更少。

在牠們的第二次會議中，那五位食物共享小組成員，聚在一起慶功。莉娜也來參加，恭喜牠們有遠見又具創意的成果。而在接下來日子的許多談話裡，她會不經意地時常提起，對於那些來到社區午餐，並且分享獵物的狐獴，她是多麼以牠們為榮。

納迪雅愛上了她在這裡所看到的一切。還不到兩天的時間，部落裡的兩隻狐獴寶寶就認定她是牠們的「大姊姊」了，整天黏著她，形影不離。她很樂意地接受了，但她得先知道，誰正式負責照顧這些狐獴寶寶。結果她發現，並沒有人負責，因為沒有一個她所認知的「工作」在負責這件事。沒有頭頭，沒有警衛，也沒有

家族酋長。有另外一隻狐獴，自願來協助這些狐獴寶寶成長，並且守護牠們，牠很歡迎納迪雅加入牠的工作行列。牠們倆開始不定期地開會，分享哪些方法好用，哪些方法不好用，以及可以如何更有效地幫助狐獴寶寶。

與此同時，阿佑一直在搜尋這個地區最好的守衛崗位。牠立刻就看出六個以上的方法，可以改善牠們的防衛。一些比較沒經驗的狐獴，看著牠做，聽著牠說，並且詢問守衛的相關技能。牠則傾囊相授。

麥特檢查這裡的洞穴，發現它們的狀況不太好。當牠去找莉娜討論，莉娜滿臉笑容，並且請牠去找幾名志工，盡力改善。牠照辦了。

至於塔木，牠被一個潛在的偉大點子給絆倒了。這個點子來自於一坨巨大的（對牠而言）大象大便。

清洗乾淨牠的爪子後，牠注意到，在那堆大便上，

如果沒有數千隻，少說也有數百隻白色的小蛆蟲。牠檢查其中幾隻，把牠們在沙裡頭清洗一下，並且嘗了幾口。一開始牠皺緊眉頭，但很快的，牠的眉頭就鬆開了，因為牠發現，這些蛆蟲相當美味多汁。接著，牠腦袋靈光一閃。如果牠們收集了大象的大便，並且在上面創造一座小生物農場，做為牠們狩獵之外的補充品，這會如何呢？這有沒有可能是化解牠們食物危機的重要解方？

　　塔木跟其他成員說明牠的想法。僅有少數成員對於吃這些來自於一坨⋯⋯你知道那是什麼⋯⋯的小蛆蟲感興趣，更別說幫忙把這些大便做成圓球，將它們滾到選定的地點，創造一座生物農場。對於這些沒興趣的成員，塔木告訴牠們：「好吧，不麻煩你了。」

　　但是過沒多久，就有幾位志工願意嘗試將這個想法付諸實踐。牠把這件事告知莉娜，莉娜也以她一貫樂觀的態度鼓勵牠們放手去做，勇敢嘗試，學習與改善。

　　關於這座新農場的建造，牠們還有很多必須摸索學習的地方，而那些伸出援手的狐獴，讓事情進展得很快速。牠們的第一次收穫，也放入食物共享的盤子裡。雖然一開始大家都面有難色，但是有愈來愈多狐獴開始嘗鮮，而且喜歡上這道新菜色。

　　納迪雅密切注意這一切發展。尤其是對於重要新想法的產生，得到支持並付諸實踐的速度之快，以及牠們所展現出來的熱情、合作的程度、充沛的活力，都讓她感到非常驚訝。她在心裡不斷地把它拿來與她這輩子所知道的情況做比較。這是如此的截然不同，而牠們竟然運作地這麼良好。她好奇的天性讓她忍不住不停思考：為什麼？為什麼？

　　於是，她跑去找莉娜。

圈圈 VS. 框框，想要 VS. 必須要

「莉娜，是什麼將這個部落團結在一起？是什麼可以讓它變得如此……」納迪雅在搜尋一個合適的字眼，像是「有活力」、「有創意」。

想了一會兒之後，莉娜在沙地上畫出幾個圈圈，從人類的角度看來，這有點像是太陽系，有太陽、行星和幾個月亮。

「這其中，」莉娜說，「我們會有一個小組每星期聚在一起，討論我們代表什麼，希望成為什麼樣子，以及部落正面臨的主要議題。我猜可能是這種兄弟姊妹的情誼，把我們團結凝聚在一起。在我們這裡，除非你自己不願意嘗試，不然你不會失敗。」

「每個成員，都可以來參與這每週的聚會嗎？」納迪雅問。

「是的，當我們只有十幾個成員的時候。現在有愈來愈多像妳這樣的新成員加入，我想有朝一日，我們須鼓勵許多成員用其他方式來參與奉獻。似乎並不是每個成員都喜歡這種整天要煩惱大問題的辛苦工作，更別說還要傾聽其他成員的意見——每個成員的意見哦。」

納迪雅指著圖表中的行星和月亮，問：「那這些圓圈又代表什麼呢？」

莉娜點點頭。「以今天來說，一個代表蟲蟲農場，由塔木發起；一個代表照顧狐獴寶寶，是由妳開始的；而另一個則代表食物共享活動，現在由阿蘭達負責。」

她在阿蘭達的圈圈附近，又畫了幾個圈圈。「而每一個小組又有數個活動在進行。我沒有辦法持續追蹤牠們全部的進度，我甚至沒想過要這麼做。這些活動是由……這麼說吧，可能由任何一位成員來主導。我經常為這些懷抱熱情和願景的成員感到驚訝。

「就如同妳已經看到的，每個小組都會選出牠們的領袖。而妳可以加入任何妳想參與的小組。」

納迪雅看著這些圖表，想著莉娜所說的話。以她的生活經驗很難了解這些事情，但是聽起來很有道理。

就在黃昏之前，兩隻流浪的狐獴加入行列，牠們來自一個被禿鷹和饑荒摧毀的部落。牠們和納迪雅一樣，

對所見所聞感到很驚訝，而其中一隻立刻去把牠部落的
其餘倖存者也找來。

　　結果是，莉娜的部落持續快速地成長。在豐衣足
食、安和樂利，一片歡欣鼓舞聲中，好幾窩狐獴寶寶很
快地就來報到。牠們的聲名逐漸遠播，狐獴紛紛聞風而
來。納迪雅抵達時才只有十二個成員，現在已經成長到
二十個成員，然後以驚人的速度成長到三十。

　　納迪雅、阿佑和麥特，很快成為團體中的重要成
員。但是不像麥特和阿佑，牠們已經找到自己想要的，
納迪雅知道，她必須回家，分享她所學習到的一切：

　　有關於來自各方面的領導力量，有關於熱情、願景、
志工與創造力──不需要任何框框、線條、程序，以及阿
法和貝塔。有關於如何以驚人的速度，因應全新且未知的
挑戰。

莉娜的部落持續快速地成長。它已經多達五十個成員了‥‥‥而這就是問題的源起。

Chapter 4

隨著團體變大而產生的問題

　　麥特開始著手繪製一張詳細的洞穴地圖。它可以顯示哪些洞穴的維護不佳，以及哪些區域缺乏足夠的地下隧道，來容納持續增長的部落。牠找到幾名新來的狐獴成員，牠們對於繪製地圖、計算和設計洞穴的心智挑戰感到很興奮。但是，當牠徵求志工協助挖掘和清理隧道，並且要求牠們在每天早上八點整集合，得到的回應則很冷淡。

　　「每天早上八點整？八點？我是非常想幫忙，但是……」

「我們會根據詳細的規畫挖掘與清理？嗯，麥特，
這真的不關我的事。」

在阿佑的協助下，麥特也畫出最佳的守衛方式。這
些狐獴都很盡力保護彼此，但是牠們的方法卻很紊亂。
而且就如同洞穴的維護一樣，雖然有些狐獴願意協助阿
佑規畫該如何布署守衛，但是願意遵照時間表在晚上守
衛（太無聊了！）的人數，以及願意遵守命令的……並
不多。

於是，阿佑和麥特跑去找莉娜。

「莉娜，我們很擔心安全問題。我們部落現在已經
大到足以引起側目了。為了保護我們的部落，至少需要
三位，最好有四位，受過專業訓練的警衛來負責值日夜
班。而且牠們必須在正確的地方守衛，所以必須嚴格遵
守排班表。光靠彼此守望相助的概念，現在已經不適用
了。」

　　莉娜也聽取了麥特描述，狐獴不能夠準時挖掘和維修洞穴的問題。然後說：「阿佑、麥特，看看你們四周。老天爺對我們不錯，即使面臨乾旱，我們還能有三窩新生兒來報到。幾乎每一天，我們都有新的狐獴加入。你們也許太過杞人憂天了。」

　　雖然她口頭上說沒事，但是莉娜已經開始注意到，每天都有愈來愈多必要的工作，沒有成員去做，或是沒有被妥善可靠地完成，這讓她十分擔心。在守衛和洞穴維護這兩件工作上，她希望阿佑和麥特可以更積極地主導，想辦法去解決所有相關的問題。但她並不想要澆熄牠們的熱情與承諾，也不想批評部落的成員，所以她為大家進行一場精神講話。

　　接下來一週的會議裡，娜莉大談部落管理的理念。一如往常，她非常激勵人心，但她幾乎是對著最不需要聽的成員說話。這些會議都是「自願參加」的活動，那些最應該出現在那裡聽她說話的成員，大部分缺席。

在接下來的日子，部落裡先來與後到的狐獴之間，支持麥特與反對麥特的狐獴之間，以及貢獻者與接受者之間的緊張關係，日益嚴重。

任何一件必須依賴較多狐獴互相協調努力的事情，要不是沒辦法順利完成，不然就是在小組裡無止境地爭論不休。因為無法順利完成，大家彼此感到愈來愈不滿。即使是那些想要幫忙的狐獴，也經常處在茫然狀

態，不知道從何幫起。或是在一些其他成員早就知道怎麼做，只須照常規完成的事情上大搞創意，愈幫愈忙。

　　納迪雅、阿佑、麥特和塔木去找莉娜，並且告訴她，牠們需要協助。當莉娜問牠們在困擾些什麼——而牠們很明顯地在為某些事情煩惱——她聽到：

- 在蟲蟲農場初期的新鮮感過後，塔木發現愈來愈難找到志工，來協助日常工作的進行，這些工作的確不怎麼好玩。牠花了太多時間自己做這些工作，現在已經開始感到筋疲力竭。

- 納迪雅則報告，有些部落族人自願來幫忙照顧新生兒，但是真的很不適任。請問誰負責來告訴牠們？誰有權力來告訴牠們？

- 麥特向莉娜和其他成員說明，牠已經盡全力了，但仍然有些洞穴難以挽救。沒有成員有意願，或很明

顯的，沒有技能來建造和維護這些洞穴。

- 阿佑則擺明了對她說：「妳很清楚我對安全和守衛的想法。」

還有其他更多抱怨。莉娜聽完，嘆口氣，然後說：「當我和幾位朋友一起創立這個部落的時候，曾經設想我們每位都是僕人，也是領袖。這是我們內心深處的渴望，希望可以在每天之中展現出來，並且做到最好。」而在一陣戲劇化的停頓之後，「你們相信這是值得的，而且是真心的嗎？」其他人緩緩地點著頭，這方式好像是在表達，「嗯，是的，但是……」莉娜接著談到，她很確定這個部落，以及它堅忍的精神，可以克服這些，因成長自然會面臨到的問題。

納迪雅、阿佑、麥特和塔木結束會議後，感到稍微樂觀一些。牠們很想知道，莉娜將如何再一次將問題變小，並提振大家的信心。

雨季終於來了

　　在接下來的幾天，麥特經常和納迪雅聊天。牠愈研究這些洞穴，就愈感到心慌。所以那天晚上，牠又再度無法入眠，整晚都在思索如何解決這個問題。當牠突然聽到啪拉、啪啦的聲音時，一時還會意不過來這是怎麼回事？然後聲音變得愈來愈大，直到轟隆作響。

　　雨季終於來了！

　　麥特跑出去洞穴外，看到乾燥的土壤很快就吸飽傾瀉而下的雨水。但是過沒多久，來不及吸收水分的地面上，已經被水淹了好幾英寸。麥特並不是一隻容易恐慌的狐獴，但是牠的內心需要一點時間，來做出這個明顯而又可怕的結論：很快的，雨水就會淹進洞穴裡，而一些狀況脆弱的隧道，一定會坍塌！

　　「下大雨了！醒醒啊！快逃！」牠大聲吼叫，向部落的洞穴狂奔而去。

有些反應快速的狐獴，很快就逃出來，手上還抓著完全搞不清楚狀況的小狐獴，因為這些狐獴寶寶出生以來都還沒看過下雨。麥特跑向另一個洞穴，發出警報。但已經太遲了。這個隧道坍塌了，雨水快速湧入，把還在睡夢中的狐獴困在裡面。

　　「救命啊！救命啊！」麥特大喊。其他幾隻狐獴很快地來到牠身邊，牠們一起挖掘出一條新的隧道，通向一個主要入口已經被水淹沒的洞穴。麥特從牠的地圖上得知最快、最佳的路徑，但是牠不清楚那些狐獴是否還在主洞穴，還是已經退到側邊的隧道。當牠們聽到驚恐的尖叫聲從洞穴中傳來，因此知道牠們挖掘的方向沒有錯。不久之後，那些嚇得半死的同胞們，緊緊抱住牠們已經筋疲力竭的救星。

　　當牠聽到更多尖叫聲從左右邊傳來，麥特將這些還驚魂未定、但喜獲重生的狐獴從身邊推開。「加油！」牠向身旁的同胞大喊，「還有很多工作要做！」

　　冒著生命的危險，以及在其他幾位同胞的協助下，
麥特持續搶救的工作。又有六隻狐獴被拯救出來，但是
那個洞穴已經崩塌得一塌糊塗。缺乏有系統的維護，已
經讓它付出慘痛的代價。

　　當天晚上，有七隻狐獴喪命。那些獲救的，也驚恐
不已，不停地發抖。

隔天，狐獴三三兩兩地圍坐在一起，或是在小團體裡小聲地交談。到處都充滿哀傷的氣氛。但更多的是，過去幾週累積的緊張壓力，一時之間終於找到宣洩的出口，大家開始熱切地搜尋，那些該被譴責的罪魁禍首。

一些較早期的部落成員，歌頌著過去的美好時光，那時牠們規模還小，大家都真的能夠彼此照顧。牠們指責目前的問題，都是新成員所造成。「我們跟過去再也不一樣了，而這全都是新成員的錯！牠們必須離開！」

一些「貢獻者」指責那些只會紙上談兵，卻從來不曾可靠地準時出現在每日工作現場的狐獴。「我已經受夠了幫其他狐獴扛工作。這個自願參加的想法，根本狗屁不通，完全跟現實脫節！」

其他成員則議論紛紛，是否必須有人使出鐵腕手段來負責收拾善後，並且在這一片混亂中重建秩序。

莉娜進退兩難。雖然她盡量保持鎮定，但她對於自己所秉持的部落願景，已經面臨崩潰，仍然感到震撼，她也不知道接下來會發生什麼事。

納迪雅簡直不敢相信，再一次，她的世界又在她的眼前搖搖欲墜。她的雙腳有點發軟，於是她坐了下來。時間一分一秒地過去。也許是一小時？也許是兩小時？她的腦海裡思緒紛飛，充滿了困惑、悲傷與沮喪。

那些讓她一見傾心，即使是從新進成員身上也能感受到的活力、熱情、遠見和領導力；那個讓她真心相信，很明顯的，會是經營部落的一個更好方法，現在卻……完全失敗了。

但是……原因何在？她回想當她剛來到這裡的時候，狐獴數量較少的情景，以及現在成為一個更大群體的狀

況。她想到那些紀律、結構、規則，那些她的哥哥和麥特認為非常重要，在這裡卻完全缺乏的東西——這會不會就是牠們的致命傷？但是那個所謂的狐獴式管理，在她的老家不是早已經失敗了嗎？

然後，這個眾所周知的好奇狐獴，腦袋瓜繼續轉個不停。

Chapter 5

　　隔天早晨晴空萬里，就如同納迪雅的心情。

　　「莉娜，我們必須談一談。」她說，當她在社區的一棵樹下找到這位部落的創建人時。

　　陷入苦惱的莉娜請納迪雅坐下。納迪雅看著她，並且說：「莉娜，妳確實是一位了不起的領袖。」莉娜的眼神往下飄移，直到盯著自己的手看。「納迪雅，謝謝妳的好心，事到如今……」

　　納迪雅溫柔地拍拍莉娜，直到她再次抬起頭來。「毫無疑問的，妳是我這一生遇到過最會激勵人心、最

懂得幫助他人的領袖。」

　　她們倆凝視著對方，然後莉娜輕聲地說：「納迪雅，謝謝妳，妳的看法對我很重要。」

　　「我們當初加入這個部落的時候，」納迪雅繼續說：「我立刻就被這裡所展現的精神給折服了，而這是妳一手打造的。它激發出我們最好的一面，也創造出許多了不起的事情，像是推行蟲蟲農場和食物共享，而且以這麼快的速度發生。」

　　「納迪雅，這不是我個人的功勞，」莉娜很客氣地打斷。「這是我們的理想與願景，這是一個有向心力的團體，有打從心底真誠的信仰。它全靠天不怕地不怕的勇氣與創造力，再加上，我是這麼認為的，我在一旁不時地加油打氣，這一切才得以讓大家保持積極樂觀，即使遭遇困難與挫折也不退縮。」

　　莉娜已經熬夜想了一整晚，為什麼所有的事情都會出現問題。但是納迪雅提出更好的問題。

　　「從什麼時候起，事情開始……」納迪雅慢下來，然後繼續往下說：「土崩瓦解？」

　　即使莉娜感覺被冒犯，或是覺得必須自我防衛，她也不會表現出來。「現在回想起來，」她說：「也許是當我們的部落成長到三十名成員的時候。也許超過二十五隻狐獴，就無法成為一個偉大的部落。」

　　納迪雅搖搖頭。雖然這些話也許都有道理。

　　「在我的家鄉，我們有一百五十隻狐獴！但是我們的洞穴從來沒有坍塌過，也不會有該看守的崗位沒成員值勤，或是由不合格的狐獴照顧小寶寶。每個成員都有牠應該扮演的角色，和必須做出的貢獻，牠才有權利成為部落的一分子。而牠們都很盡忠職守！」

納迪雅在沙地上畫出莉娜的圓圈圖。「這些圈圈和它們背後的理念是無法做到這樣的效果的。」它們可以激勵我們勇於創新與採取行動，有時甚至以極驚人的速度產生效果。但是，我看不到它們可以確保一個龐大的部落，能夠有紀律地執行牠們的日常工作。

　　然後，納迪雅在莉娜的圓圈圖旁邊，畫出線條和框框，並且複述了尼古拉斯之前告訴過她的，有關於管理的知識。

　　莉娜仔細聆聽，她的眼睛認真地看著這個新圖表。她一邊聽納迪雅說話，一邊輕輕地點著頭。可以從她的表情看出來，她正在吸收這些新想法，或至少很努力地嘗試去了解。

　　納迪雅所說的內容，有很多聽起來像是莉娜曾經在那裡成長過，並且離開的地方。但納迪雅的方法聽起來更合理、更細膩，更不會那麼獨斷。它並沒有充滿太過

愚蠢的規則，或是不適任的統治者。

　　當納迪雅說完她尼古拉斯式演說，莉娜指著泥土上的兩幅圖表，滿心期待納迪雅的下一步，她說：「但是它們如此不同，怎麼可能同時並存？」

　　納迪雅想了一會兒。「莉娜，妳是個有創意，可以對新的構想，甚至聽起來瘋狂的想法，保持著開放的態度嗎？」

　　「我希望是如此。」莉娜回答。

　　納迪雅睜大眼睛。「希望！妳當然是！還有，妳不是因為夠有紀律，懂得規畫，才能把事情做好嗎？」

　　莉娜停頓了一下，然後說：「也許遠不如我所認識的一些狐獴。但是，是的。」

沒多久，莉娜就從她自己的回答中恍然大悟。「妳的意思是說，如果一隻狐獴可以同時有創意，又有紀律，至少就某個程度而言，為什麼一個部落就不能夠做到？」她一邊說，一邊指著那兩個圖。

　　納迪雅點點頭。

　　「如果要我整天做那些妳所謂的『管理』，我想我會崩潰或發瘋的。」莉娜說。

　　「妳何必這麼做？」納迪雅帶著笑容問：「妳有見過哪一隻狐獴有那樣的才華，可以把每件事都做得完美無缺？我從來沒見過。但是，有時候我們可以靠大家一起努力，完成許多事情。」

　　莉娜的腦海奔騰不已。關於如何將兩種型態差異非常大的部落整合在一起，以便獲得兩方的好處，同時避免兩邊的限制，她有許多待解答的疑問。但是在她的一

生之中，她不需要知道全部的答案，只需要一個有希望
的方向。

「妳可以助我一臂之力，把這事情做成功嗎？」

納迪雅看起來很掙扎。她說：「莉娜，我不能。我
不是妳做好這件事情的最佳夥伴。而且現在我必須回到
我老家的部落，告訴牠們我所發現的一切。我希望妳能
了解，我有多麼在乎妳，以及這裡的其他夥伴。但是我
必須試著去幫助那些，曾經養育過我的狐獴，而且我非
常想念我的哥哥。此外，妳真正需要的助力，其實已經
在這裡了。」

納迪雅環顧四周，而且很快就找到她正在找的人。
莉娜跟隨著納迪雅的目光，也看到牠了。

「麥特？」莉娜問。

「當然。牠是個絕佳的管理者，而且有足夠的聰明
才智可以了解這個想法。」納迪雅指著地上的兩幅圖
表。「牠對妳非常尊敬，」她補充，「而妳似乎也很看
重牠。」

她們倆都沉默了一會兒。然後莉娜問：「我從來沒
有看過像這樣運作的部落。妳見過嗎？」

　　納迪雅笑了一笑。「那麼妳以前曾經看過蟲蟲農場幾次？」

　　兩人什麼都沒說，然後，莉娜也笑了。「妳什麼時候要離開？」莉娜問。

　　「今晚。」納迪雅回答。

　　莉娜嘆了一口氣，但很快就露出她最溫暖的笑容。「祝福妳一切順利，謝謝妳所做的一切。歡迎妳隨時回來，我們永遠都歡迎妳。」

　　她們彼此深情地擁抱，似乎有些難分難捨。然後，納迪雅告別了。

重大的機會

「我必須和妳一起走。」阿佑說。

「但是你已經在這裡做出成果了，」納迪雅回答。
「而且我認為你可以協助莉娜和麥特。你有大好的前途
在等著你……」

牠打斷話。「萬一妳在回家的途中發生意外，我會
有悲慘的未來在等著我。而且妳可能還沒有注意到，如
果沒有妳在身旁，我在哪裡都不太可能快樂的！」難過
的阿佑，說話之大聲連自己都沒想到。

納迪雅安靜了一下，有點驚訝地看著阿佑，然後露
出一個大大的笑容。「好吧……」

「所以，接下來我們要做什麼？」牠問。

　　她想了一下。「我們還是在晚上趕路。等天一黑，我們就在社區的大樹下碰面出發。」

　　阿佑點頭同意。

　　納迪雅繼續說：「現在我必須去和朋友告別，並且邀請任何想要加入我們的狐獴一起走。你也該去做同樣的事。」

　　阿佑照辦了。就在太陽下山後不久，和大家離情依依地告別之後，兩位帶著幾名出於種種原因加入牠們行列的狐獴，離開了。

　　牠們一路向東，快速地沿著納迪雅和阿佑之前走過的路徑往前進。牠們也經過了那個命運不保的部落舊址。但是那裡一片荒涼，沒有看見一隻狐獴。這景象實在很淒涼。

「我們得走快一點。」她說，這支小隊伍立刻加快
腳步。

第二天黎明，牠們看見一群流浪者走過來。當牠們
走得更靠近一點，納迪雅發現牠們並不是流浪者，而是
哥哥尼古拉斯和牠的幾名警衛！

這對兄妹向彼此飛奔而去。當牠們相遇，手足情深
地緊緊擁抱在一起。這是一個令人激動的重逢──溫馨
感人，兩人都別來無恙，心中的一大塊石頭終於可以放
下。但是還不到一分鐘，尼古拉斯往後退，牠的怒氣宣
洩而出。

「妳為什麼要離開？妳跑到哪裡去了？我快要擔心
死了！」牠也注意到那群跟著納迪雅和阿佑的狐獴。
「牠們又是誰？」

納迪雅說：「我會解釋這一切。但是請你先跟我說，

家鄉一切可好？」

　　尼古拉斯娓娓地道來。禿鷹的攻擊和乾旱已經夠糟了，然後又颳起沙塵暴，把已經備受摧殘的部落族人困在洞穴裡兩天。牠們沒有標準程序可以處理為期兩天的沙塵暴，同時還要試著應付其他沒處理過的諸多問題。新的危害，再加上部落無力因應這些問題，已經讓牠們陷入飢餓、憤怒與焦慮的惡性循環，這讓部落首先停止成長，接著則導致實質上的萎縮。

　　「不完全只有失敗，我們也曾有過一些成功。我們已經學會一些方法來對付禿鷹，」尼古拉斯說。「現在生活緩慢地有些改善。」「緩慢」這兩個字聽來充滿苦惱、怒氣與挫折。

　　尼古拉斯轉向阿佑。「幾個星期前，我聽到一名警衛說起，有關於你的樹頂守衛法。我已經設法讓它盡量落實，但還沒全面普及。」尼古拉斯有些尷尬，因為有

幾位警衛，不知道為了什麼原因，沒有完全遵照牠的命令，採用這種新的工作方式。「阿佑，你的想法已經發揮成效了。」

阿佑滿臉笑容。雖然牠沒有表現出來，但是牠幾乎快要樂翻天了，牠的創新終於幫助了部落。

乾旱大致上已經結束了，但是挫敗的經驗已經使得其中的一位阿法（摩洛）、尼古拉斯，以及兩位家族酋長深感憂心。牠們到底少做了什麼？更令人擔心的是，有些族人似乎表現出一副現在已經安然無事，好像不會再有大難臨頭的模樣。重新反省檢討牠們過去的經驗，似乎已經變得無關緊要了。

「我想我們有辦法。」納迪雅告訴她的哥哥。

牠睜大眼睛。「真的嗎？」

「真的。」

「多告訴我一些。」

「待會兒，」納迪雅說：「我不知道你們其他人怎麼樣，但是在走了一整晚的路之後，我很餓，而且需要睡個覺，請照這個順序來。」

納迪雅環顧四周，從這些同伴的眼神中，可以看出大家都同意她的意見。但是在大家各自分頭覓食，尋找多汁美味的昆蟲、蠍子之類的食物之前，她說：「我們還有很長一段路要走，必須盡量保持體力。我們走得再快，也要等走得最慢的。在我們才剛離開的部落，我們已經學會分享食物。」

尼古拉斯和牠的警衛，臉上浮現困惑的表情。

「我的朋友會把捕獲到的食物帶來，」納迪雅說：

「跟那些運氣沒這麼好的狐獴分享。如果你願意，也可以跟著一起做。」

對尼古拉斯跟牠的警衛而言，這真是一個激進的想法。警衛看著尼古拉斯尋求指示，而牠則若有似無地點了點頭。所以，大約一個小時後，牠們不約而同地回到這裡，多少分享了一些牠們捕獲的食物，邊吃邊聊，甚至偶爾還會發出笑聲。

在小睡過後，尼古拉斯爬出洞穴，發現納迪雅已經坐在一棵樹下。「妳好嗎？」牠問候最親愛的妹妹。

「我真的好高興可以再跟你相聚，我好想你。」在一陣暫停之後，納迪雅繼續說：「我必須向阿法、貝塔，以及其他所有的族人，說明我所學習到的好方法。但是我不確定該怎麼進行。」

「從我開始如何？」尼古拉斯一邊說，一邊滑到她

身旁。當牠和納迪雅在一起的時候，總是面露尊重的表情，但是如果仔細看，你會察覺到牠有幾分懷疑，懷疑牠的妹妹是否真的找到什麼神奇妙方，可以化解這個極為困難的處境。「如果妳通過我的考驗，其他狐獴就不會是太大的挑戰。」

納迪雅告訴尼古拉斯：「你是一位優秀的管理者，是我見過最棒的。」

牠覺得被捧上了天，感到輕飄飄的。

「我們部落裡還有其他的成員，至少也稱得上是不錯的管理者。但是……」納迪雅暫停了一下。「你認為從什麼時候開始，我們的部落開始出現問題？」

牠認真思考這個問題。「我猜，」尼古拉斯回答：「就是在我們遇到禿鷹、更多的蛇類，以及乾旱的那時期。這些狀況來得太快了，而且又出乎我們意料。我從

來沒有見過這種情形。」

納迪雅摸摸尼古拉斯的手臂，然後說：「莉娜的部落──就是那個我曾經待過的部落──多少也跟我們一樣，必須應付同樣的挑戰。至少有一段時間，牠們做得非常出色；充滿創意，反應快速。頗值得讚賞。」

她在沙地上畫出尼古拉斯的圖表。「我們的框框和線條，貝塔和阿法，規則和程序，評量和百分比，無法做到牠們所能做的。或至少，我看不出來可以怎麼做。我們的生活方式是奠基在如何讓一個龐大的部落良好地運作，讓日常工作依照規定的方法來完成。現在我已經很清楚地知道，這一切不是理所當然的。當你的團體成員大到有五十個、一百個，或甚至兩百個時，領導或管理者必須要有足夠的敏銳與訓練。哥哥，請原諒我，說出你不中聽的話。在處理任何新的或意料不到的事情時，特別是當有很多像這樣的挑戰快速來襲時，我們所擅長的，卻成了致命傷。」

尼古拉斯覺得有點受傷，但是依照牠近來的經驗，牠無法反駁。

納迪雅開始畫出莉娜的圖表，並且向尼古拉斯解釋她從這樣的生活運作方式所學習到的經驗。她談到許多關於領導的事，不只是來自於阿法，而是來自於每個成員。牠聽得很認真，試圖想全部弄懂──但這很困難，牠以前從來沒看過像這樣的東西。

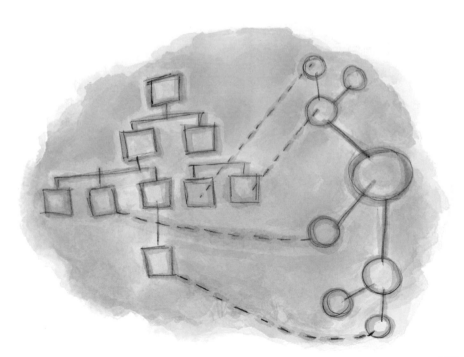

然後她畫了幾條線，把這兩幅圖連起來，變成了一張大圖。

　　接下來的幾個小時，牠們一直聊個不停。尼古拉斯問了許多問題：「但是到底是誰在負責？萬一我的一名警衛放下工作，跑去做所謂的『行動方案』，而不好好守衛怎麼辦？我們沒有足夠的狐獴來遞補這些工作。」納迪雅試著盡量提供解答。但是老實說，她有時只能依照常理來推斷，因為她自己也沒親眼看過，她畫在地上的這幅圖實際上運作的狀況。

　　當尼古拉斯持續凝視著遠方，牠的妹妹問：「你在想些什麼？」

　　牠轉向她，不知是否能將牠腦海中想到的事情跟她分享。納迪雅語氣堅定地說：「已經沒有時間再跟你妹妹扯謊了，不要因為你認為她沒有辦法面對真相，就不敢說實話。」

　　尼古拉斯深深吸了一口氣，然後說：「在我們這群
貝塔裡，至少有一些，而且確實有一位阿法，會很理所
當然地認為這樣會製造混亂。牠們會認為，期待一位年
輕、缺乏經驗的狐獴來負責一個重要的計畫，還期待牠
能夠成功，是很不切實際的。牠們絕對不會同意這些活
動。」牠手指向那些圈圈，「如果沒有明確的負責人，
以及明確的評量指標，來顯示這個小組是否能夠成功。
就算由阿法勉強貝塔來推動，這些貝塔，至少其中有幾
位，會很自然地想要掌控它，或毀了它。牠們……」

　　當牠看到納迪雅臉上開始露出沮喪的表情，牠停了
下來。也許牠不該將這些想法告訴她。

　　納迪雅深吸了一口氣，並且閉上雙眼。當她張開雙
眼，她提出疑問：「我們的部落現在一片欣欣向榮嗎？
它對於沙塵暴的危機處理得很好嗎？你晚上可以睡得很
安穩，並且知道你的親朋好友都安然無恙嗎？這個部落
沒有辜負你的希望與夢想嗎？」她停頓了一下，然後繼

續。「如果我們想要得到不一樣的結果，靠的卻只是繼續做跟過去一樣的事情，然後做得更努力一些，這樣就夠了嗎？」

尼古拉斯默默地盯著地面，看了好長一段時間。然後深深吸一口氣，挺起胸膛。牠抬頭看著納迪雅，然後說了一句話：「我們還有很多重要的工作要做。」

那天晚上牠們再度啟程，第二天早上就抵達牠們原來的部落。

嘗試對族人說明

當納迪雅的雙手忙得不可開交，安撫著興奮過度、掛滿她身上的狐獴寶寶時，尼古拉斯則立刻採取行動。牠簡要地向三位最支持牠去尋找妹妹的長老，說明納迪雅告訴牠的事情，這三位長老分別是：一位阿法（摩洛），以及兩位家族酋長。牠們三位都不太能理解尼古拉斯所說的事情，但是都很認真地在聽。

在問了一大堆問題之後，其他兩位長老看著摩洛。這位年高德劭的狐獴，看著廣大的沙漠綿延不絕，好像沒有盡頭。「大部分的族人都認為我們已經復原了，過一陣子生活就會回歸正常。」牠緩慢地搖著頭。「但是我不這麼認為。一直都有跡象顯示，也許不是很強烈的跡象，但我們的世界正在改變，而且是永久性的改變。如果真是這樣的話⋯⋯」

隔天，摩洛與牠的另一位大當家瑪拉，談到關於召

集全體的貝塔來開會，並邀請納迪雅參加的事。瑪拉看著這位當家作主的老搭檔，彷彿他撞到了頭，神志不清似的。聽一隻年輕、沒有經驗，而且還曾經背棄過這個部落的狐獴發言？但是，摩洛溫柔而堅定地堅持要這麼進行。瑪拉雖然不太願意，但是為了避免爭吵，終於答應了。

現在輪到納迪雅要向摩洛、瑪拉，以及所有的貝塔說明她的想法，關於兩種非常不同的工作方式，如何於某種程度上可以在同一個部落裡並行不悖。

保持著禮貌性的距離，幾隻成年的狐獴三三兩兩地前來，牠們想聽聽這場非比尋常的對話。從幾隻，增加為十幾隻、二十幾隻，然後很快的，幾乎一半的成年狐獴和幾隻狐獴寶寶，都圍繞在那些長官和納迪雅的周圍。如果兩位阿法同時大吼一聲，也許可以把這些群眾趕走。但是，儘管瑪拉不時地吼叫，卻沒有成員跟著她附和。

　　摩洛展開會議。「我們都非常關心我們的族人，不敢輕忽大意，讓大家再度陷入被突擊、饑荒，或任何更糟的風險中。我們必須記住，在這個世界上不是只有我們的存在而已，還有很多動物虎視眈眈我們的領土和食物，甚至有可能把我們吃了。我們不能夠安於現狀，不能夠只靠每天做著例行公事，靠著把這些事情做得更好一些，就希望可以獲得最好的結果。」

　　摩洛對著貝塔和瑪拉說話，但是牠也注意到群眾愈聚愈多。牠明白，有一群狐獴會聽到牠所說的一切。

　　「就如同你們所知道的，納迪雅在外頭流浪了一段時間，她見識到一些也許很有意思的經驗。我希望你們仔細聆聽，並協助我和瑪拉好好想一想這些事情。」

　　尼古拉斯畫出那個框框加圈圈的圖表，納迪雅則開始敘述她旅程中的所見所聞。她談到她遇見的一些糟糕的部落，也談到莉娜的部落，以及牠們如何能夠持續繁

榮成長，即使面對新來的掠食動物和缺乏雨水的威脅。
她也談到當這個欣欣向榮的團體成長到某個臨界點之
後，牠們最後因為缺乏這裡所擁有的技能——阿法和貝
塔所具備的管理能力——而造成可怕的問題。

在提到這裡的「關鍵技能」時，幾位貝塔和瑪拉刻
意地點了點頭。

然後納迪雅談到有關於領導圈，活力與熱情，志工
服務，建立願景，有意願且有能力去創造、去改變，以
及蟲蟲農場和食物共享。她談到當其他的部落，包括牠
們自己的部落，在生存環境急速變動後掙扎求生時，
這個部落如何持續成長茁壯，直到某個臨界點。

原本點頭稱是的幾位貝塔和瑪拉，現在轉而露出無
法理解的懷疑眼光。

摩洛聽得很認真，甚至有時還會說一聲：「對。」

反應與瑪拉截然不同。但即便是摩洛,也不見得很有耐心,只能有限度地忍受納迪雅在那邊光說不練。所以牠開始要求提出一個可以「如何做」的建議。牠們該如何運用這些經驗,而且更進一步地以一種務實、不會造成無法承受的風險,並且能夠被狐獴理解的方式來進行?

「我們可以從蟲蟲農場做起?」納迪雅脫口而出。這個部落仍然沒有足夠的食物。納迪雅看到,這是一個牠們每天都會碰到的問題,但同時也是一個機會,也許是一個很大的機會,可以立刻看到效益,而且可以展現出不同的、可行的、並且是強而有力的做法。

尼古拉斯用力地點點頭,給妹妹一個鼓勵的眼神。

她解釋蟲蟲農場是怎麼一回事。有些狐獴聽得一頭霧水,有些感到很吃驚,但有些則看到它代表的意義,一個非常有潛力的奇妙想法。

兩位貝塔提出疑問，然後開始爭辯。當對話開始朝著不好的方向發展時，納迪雅幾乎變身成為莉娜的發言人，說著：「我們都非常愛護我們的族人同胞，不忍心讓大家再次面臨飢餓的風險。」她站了起來，站起來的方式簡直是莉娜的翻版。「我們不須建立一座完整的農場，或任何完美的事物，只需要有些東西可以幫助我們，看到這個想法背後真正的機會。」

　　她的臉上閃耀著真摯的情感與堅定的信念。「我們可以弄懂這一切，並且落實地執行，如果我們有足夠的狐獴願意給它機會。」她指著阿法和貝塔，有禮貌地加上一句，「而那個『我們』需要從您開始。」

　　一位貝塔語氣相當強硬地說：「我們已經很忙了，沒有多餘的狐獴可以來建立這座農場。」

　　納迪雅點點頭。「很好。這並不是要從你們那邊抽出一些資源來設立一個農場小組。我們只是先來看看是

否可以找到幾位志工，看看誰願意在日常工作之外，再額外幫忙興建農場的工作。」

這位貝塔翻了翻白眼，心裡想：說實在的，會有誰願意站出來呢？然後牠大聲說出來的卻是：「就算妳是對的，但是妳的志工工作時間那麼長，牠們終究會在某個時候因疲勞崩潰而放棄。所以妳的計畫會失敗，而且牠們日常的工作也會做不好。」

納迪雅毫不猶豫地回答：「我在莉娜的部落裡看到的是，如果狐獴在其他方面的工作太累或太忙，牠們就會退出，而不是累垮，之後會有其他的狐獴來接替牠們的位置。並不是有個莉娜或某位貝塔強迫牠們去做，也不是一件非把它完成不可的額外工作。我想這讓情況可以大為不同。」

其他的貝塔立刻加入戰局，連番發射砲火，質疑聲浪不斷：這個會怎麼樣？那個會怎麼樣？又那個會怎麼

樣？尼古拉斯很想走過去，給這些只會放砲的長官一人
一拳。但是牠知道這樣於事無補。

　　而且納迪雅真的不需要幫忙。她知道她是對的，事
實也證明是如此。她的目光掃過所有的群眾，並且告訴
牠們：「我並不是說我們不會遇到問題。但是我知道，
如果我們有足夠的人相信，我們有機會可以創造一個實
際上更好、更堅強、更安全的部落，一個可以再度興盛
繁榮的部落，我們就會開始全力以赴，讓它付諸實現，
不怕任何困難。」

　　群眾盯著她看。一片鴉雀無聲，連一片葉子從樹上
掉下來都聽得到。這不是一隻年輕的狐獴會在她長官面
前做的事情，而這也不是牠們過去所認識的納迪雅，她
已經脫胎換骨了！

　　瑪拉和大部分的貝塔，很明顯地沒有被說服。但是
摩洛挺直身子，語氣堅定地說：「我認為她是對的，這

裡仍然有大好機會。我們對部落的未來，以及我們的下一代有責任。如果這必須調整我們原有的做事方式，甚至必須很大幅度地的調整，我們就有責任採取行動。」

牠暫停一下，看著全體群眾，然後繼續說：「對一個新的想法提出質疑很容易嗎？特別是當它很不一樣的時候？」在停頓一下之後，牠說：「當然很容易。」

牠把臉直接朝向貝塔和瑪拉。「在不同的情況下，難道不需要有不一樣的想法，也許是非常不一樣的新想法？」在短暫的停頓之後，牠又說：「唯一合乎邏輯的答案就是：是的，我們非常需要！」

摩洛與莉娜的表達方式很不一樣，因為牠們的個性如此不同，但是在牠的聲音裡，同樣可以感受到莉娜演說裡一向帶有的，強烈而深刻的決心。

跟隨摩洛表明立場，尼古拉斯與另一位貝塔也用力

地點頭稱是。而其他狐獴則在一旁觀望，一些貝塔終於
願意給某些新鮮事情，嘗試去進行的機會，或至少不加
以阻撓。

帶著令人驚訝的樂觀和有點可疑的微笑，摩洛說：
「有誰願意來設立蟲蟲農場？」

尼古拉斯和一位曾經擔任過納迪雅老師的家族酋長
很快地舉手。而那群擠到前面，來參與盛會的狐獴之
中，也有十幾位舉起手。

摩洛感到有些訝異，但很高興。「很好！」而且牠
以一種很不傳統的方式說：「如果你們需要些什麼，讓
我知道。」然後，牠結束了這場討論。

急迫感、領導力、志工服務和勝利

隔天一大早，尼古拉斯就跑去找納迪雅。「下一步妳要做什麼？」牠問。

她搖搖頭。「你該不會想把這一切都丟給我吧？」

「不是的，」牠告訴她，聽起來有點自我防衛。「我沒有這個意思。」牠停頓了一下，接著說：「好吧，也許我有一點。但我現在明白妳的意思了。我可以幫什麼忙？」

「請向大家廣為宣傳，你很興奮能夠有機會解決飢餓的問題，並且建立一個更安全的部落。請告訴大家，摩洛很支持這麼做。同時請任何想擔任蟲蟲農場志工的狐獴，在今天中午到社區的大樹底下集合。我也會參加。」

尼古拉斯點點頭，然後納迪雅問：「我對於摩洛的行動感到很高興，但是你覺得牠為什麼會支持？」

　　尼古拉斯也在思考同樣的問題。「牠非常關心部落，而且對於最近發生的事情也感到憂心忡忡。不過我想妳會說，瑪拉不也一樣嗎？」尼古拉斯歪著頭，一副實在想不通的樣子。「我唯一可以找到的答案是──而它也算不上是個答案──摩洛只是本能地感覺到，妳的想法有些可行。我也不太確定。不過不管怎樣，我們先來廣為宣傳這些想法吧。」

　　而牠們的確這麼做了。到了中午，有十七隻好奇的狐獴表現出某種程度的急迫感，想要把這個蟲蟲農場的想法，甚或，有少數幾個成員，想要把任何新的理念付諸實行。納迪雅問，有誰要出來帶頭，只要負責帶出一個有效的討論就好。這很自然的，讓那些來自於她舊有部落的大部分代表都感到很困惑，牠們原本都以為，那兩位輩分較高的貝塔會負責主導會議。但是納迪雅告訴

牠們塔木的故事，阿佑則幫忙釐清這群狐獴的困惑，並且找到一名會議的主持人，讓事情進行下去。

　　牠們似乎每天都會遇到新的障礙。負責洞穴維護的貝塔，幾乎是用命令的方式，要求牠手下兩名對農場出力甚多的狐獴，停止當志工，要牠們只做洞穴的工作就好。牠們並沒有停止，而且幾乎就如納迪雅曾預測的，兩名新的志工站出來遞補牠們的角色。有些狐獴會退出，但是不會像某位貝塔所預測的那樣累垮了。

　　瑪拉持續釋出訊號，她也許永遠都不會支持這整個計畫。然而，摩洛總會以某種方式在幕後阻止她破壞農場的設立。但是當有一個鄰近的部落入侵，並且不只一次在摩洛和瑪拉的領土上狩獵，她的確成功地集結了這群狐獴，並且在農場最需要關注的時候，幾乎把所有的注意力都從農場移轉開來。但是就如納迪雅曾經預測的，有幾位志工幾乎不眠不休地工作，不願讓農場的發展緩慢下來。

這**不是**
………我們做事的方法！

　　這些志工的活力驚人。牠們照常做平日的工作，而把剩餘的每一分鐘都投入到農場。納迪雅和尼古拉斯則毫不懈怠。另外一位貝塔，不知道為了什麼原因，開始變得幾乎像尼古拉斯一樣賣力。而摩洛，則以牠低調、不帶英雄色彩，或群眾魅力的方式，在牠百忙的行程之中，每天都會抽空到農場關心一下，即使只有幾分鐘也好；這裡給一個微笑，那裡拍拍肩膀，都會產生神奇的效果。而光是摩洛到訪的故事，就可以隨著喀拉哈里最強勁的風速，傳遍整個部落。

　　當這個計畫的第一批食物，以驚人的速度生產出來時，這群志工邀請了阿法、貝塔及每個族人，親自來看看，這個不尋常的計畫究竟是怎麼一回事。這又是一次前所未有的舉動，因為一般的狐獴不會邀請長官來做任何事情。但是許多長官都來了，包括早到的摩洛。

　　這座農場，即使是在它最簡陋、最初期的階段，就已經帶給狐獴許多震撼，而且還有許多其他的狐獴，急

146

著想聽到納迪雅和阿佑在離開部落那段期間，所學習到的事情。而關於這個部落有哪些機會，可以做出一些重大的改變，相關的討論則有增無減——尤其是當摩洛和幾位貝塔開始定期地談論牠們有哪些重大機會時。可以想見的自滿——那些表現出一副「我們已經安然無事」的貝塔——則日益減少。似乎隨著牠們必須做點什麼改變的急迫感逐漸增加，而無濟於事的焦慮與恐懼，則逐漸平靜下來。

「下一步呢？」尼古拉斯問牠的妹妹。

納迪雅苦思。「真希望莉娜在這裡就好了。」

尼古拉斯給了她一個嚴肅的眼神。「但是她不在這裡。所以我再問一遍，下一步該怎麼做？」

「也許先組成一個志工領袖的小團體，就像莉娜曾經做過的那樣，提供我們一些協助與指引。這是她圓圈

圖的核心。我想我們現在已經有足夠的關注和能量，也許可以建立起一個這樣的圈圈。」

　　而這的確是可行的。十幾名核心小組的成員，開始和納迪雅與尼古拉斯定期開會。當瑪拉聽說了這件事，她企圖阻止這個未經授權的活動，但是摩洛勸服了她。這個核心小組開始選擇該把力氣用在哪些地方。阿佑帶領著六隻興奮的狐獴，負責想出辦法，讓新的守衛方式可以在整個部落裡百分之百地落實。再一次，這又是件說起來簡單、做起來困難的事情。但是阿佑和牠的團隊毫不懈怠。一名年紀較大的狐獴，大家都以為牠已經沒辦法再做任何事情了，卻主動請纓要領導一個防治沙塵暴的行動。難以置信的是，懷抱著重新燃起的熱情與謹慎行事，牠做到了。隨著志工領袖圈的成員將牠們的行動與初步的成功告訴牠們的親朋好友，部落裡的信賴感、行動力與迫切感也與日俱增。

　　在領袖圈的第五次聚會，一隻名叫帕諾的狐獴，帶

了一件塞滿了稻草的皮製品出現。它的外型看起來有手有腳，還有頭和眼睛，而且……好可愛。

每個成員都盯著它看。「這東西從哪兒來的？」其中一隻狐獴問。

「是我妹妹做的，」帕諾告訴大家。「我不知道該怎麼做。但以下是她告訴我的故事，真的很有意思。她說當小孤獴受傷或生病的時候，如果讓牠們抱抱這個玩具，牠們似乎會復元得比較快速，而且比較不需要家裡的成員花時間去照顧或餵食，或其他我們平常必須幫病人做的事情。她說她已經看過這種情景很多次了。」

大家都盯著這絨毛玩具看。然後有人問：「如果真有那些事，為什麼不是全部的人都知道？」

帕諾聳聳肩。

有人說：「這很令人興奮。我想要和你妹妹談談，然後將它擴大應用，如果我可以找到幾隻熱心的狐獴來幫忙。可以嗎？」

　　領袖圈討論著這個新奇的點子。並不是每個成員都立刻相信它會有效果，但是這個小團體已經學會一件事情，那就是，沒有理由要求大家都同意。如果有人可以找到足夠的幫手去進行，它可能就是一個很有潛力的想法，或至少值得一試。

　　而那隻自告奮勇帶領治療應用的狐獴，毫不費力地就找到好幾位也想參與行動的幫手。不到一個星期，這個小組已經想好要如何做出其他六個絨毛玩具，這六個玩具做得都並不完美，也並非一模一樣，但是都非常的討喜和可愛。又過了兩個星期，牠們在四隻生病和四隻受傷的小狐獴身上，悄悄地測試這些令人喜愛的絨毛玩具的效果。在所有個案裡，狐獴寶寶似乎都對這些毛絨絨的玩具愛不釋手，整天都抱在懷裡。而且除了一個案

這**不是**
⋯⋯⋯我們做事的方法！

例之外，其他所有的個案，的確都復元得更快，並且較不需要其他大人花時間照顧。這個小組感到大為振奮！

　　起初，有幾位貝塔認為，牠們是唯一有經驗和知識可以展開聰明變革的人。但是牠們發現，即使在經過多年「遵照規則和程序」、「遵照指示辦理」、「這就是我們這裡做事情的方法」的薰陶之後，許多創新的想法和活力仍源源不絕地從一些從來沒想過的地方，以及一些很不尋常的團體冒出來。這些狐獴在平常的工作中，甚至沒有一起共事過。隨著時間流轉，不意外的，經歷了一些高低起伏，新的團隊學會如何以新的方式有效地合作。牠們找到個別的狐獴或一般的團體，似乎無法產生的，或無法預見的辦法。牠們也發現許多有趣的方法來克服障礙，因應抗拒改變的正常反應，並且為生活帶來許多創意。

　　牠們許多新的成就，似乎都是小小的成功，而且是相對容易做到的。但是如果能持續做下去，終究會積少

成多。而且即使它的速度比納迪雅預期的慢，衝突也比預期的大，但是新的運作模式正在發展。

領導圈每週聚會進行溝通、引導、激勵和慶功。這個小團體裡最資深的兩隻狐獴，尼古拉斯和一名家族酋長，開始和摩洛、瑪拉，以及貝塔們定期開會，談論有關於牠們正在推動的各項措施。這使得仍然很擔心秩序和紀律會蕩然無存的瑪拉和兩位貝塔，感到放心一些。而摩洛似乎也隨著這些會議一路成長，不僅更懂得有效開會，而且整體而言，也變得更像一位領導者。

摩洛和幾位貝塔，也將牠們在會議裡所學到的應用到會議之外。牠們開始密切注意那些，不是由正式居領導職位的狐獴所推動的志工行動和領導。牠們有時甚至會去拜訪年輕的狐獴，告訴牠們是多麼為某些成功感到驕傲，即使這只是小小的成功，因為這是這些年輕的狐獴合作去完成的。當牠們看到這些鼓勵所產生的效果，忍不住在心裡想：為什麼我們過去不早點這麼做呢？

除了在它剛成立，規模還小的階段，這個部落從來沒有像現在這樣朝氣蓬勃、活力充沛，處處表現出領導力，有這麼多狐獴都能在各項議題上投入心力。牠們付出額外的努力，來改善自己和部落的生活，不管遭遇到任何新的狀況，不論是氣候、掠食動物，或任何難題。而在同時，擔心紀律、合理的程序，以及種種規範會無法避免地遭受破壞，或會與新的行動不斷產生衝突的情況，則被證明是太過多慮了。如果有造成任何影響，那就是移走了長官肩膀上所有難以承受的壓力與緊張——那些階級、程序，以及所有傳統部落的經營方式——牠們似乎因此而更勝任愉快，更能夠確保守衛、維護洞穴、養育寶寶，以及家族管理的每項工作，每天都能順利進行。而有些已經疲憊不堪的貝塔和狐獴，當然也可以輕鬆許多，對生活也感到更加滿意。

　　十幾隻狐獴從來沒有想過，自己有機會成為或大或小團體的領袖，也成為實際上的領導者。更重要的是，牠們樂此不疲，至於為什麼會如此，則同樣難以解釋。

牠們的生活似乎經常變得更有趣或更精彩。而且不論老少，有許多狐獴感到自己的生活變得更有目的，更有意義。甚至連摩洛自己也有同感。

農場持續成長。它的成功化解了族人滿足於現狀的心態，並且讓族人更加堅信，有必要尋求更多的機會。而且因為農場已經在莉娜的團體運作過，志工們只須花一點時間來制定政策和程序，就可以讓它良好地運作。由於它已經逐漸成為這個正在成長中部落的一個重要食物來源，五個月之後，志工被要求將農場轉移給一位新上任的貝塔負責，透過牠的部屬、規畫、評量、程序來管理這一切。數字顯示，這座農場只動用了七隻狐獴專心投入在這項專門的工作，卻提供了部落 25％ 的食物。

填充玩具的計畫則被正式視為是一種療癒措施，它匯集了一群特別關心傷者和病患的狐獴來擔任志工。經過一段時間，牠們發現照顧傷者需要特殊的技能，而且有一些所謂的「狐獴科學」做為根據。兩位阿法決定要

設立一個新的工作職務——照顧者，並且指派一位狐獴擔任照顧者的隊長，這名隊長可以在家族的其中一個小組繼續工作，但同時為全部落服務。當尼古拉斯告訴納迪雅有關於阿法的這個決定時，她非常激動。

「這對於病患和受傷的狐獴會有極大的幫助。而且它進一步證明了，將莉娜經營部落的理念，和我們這樣傳統部落的理念結合在一起，是可行的，它不再只是一個不切實際的理想或願望。」她樂得眉開眼笑。

尼古拉斯點點頭。牠望著遠方，明顯地在想事情。

「在想什麼？」納迪雅問。

「我從來都沒辦法相信，兩位阿法，更別說那些貝塔，會贊同這一切新做法。」

「牠們同意的原因是什麼？」納迪雅問。

「我不太確定，」尼古拉斯回答。「但很確定的是，證據顯示這些很棒的想法，並不像妳所形容的『不切實際的理想』，它們為我們部落帶來很大的幫助。妳離開家鄉期間發生的故事，真的讓我們大開眼界。那種純然的興奮……熱情，就像是一種健康的傳染病，從一隻狐獴感染到另一隻狐獴。我認為我們貝塔已經比較不害怕失去控制，也比較不擔心沒有能力去因應出現在我們眼前的新事物。」牠又再次停頓。「而摩洛真的也一再挺身而出。我一向很尊重牠。但是牠現在的所做所為更是讓我……」

納迪雅幾乎快笑了出來。「你剛才是不是說，『貝塔也會害怕』？你們都表現得一副天不怕地不怕的樣子。」

尼古拉斯輕輕一笑。「是的，但那是工作的關係。大家都期待我們永遠表現出一副什麼都不怕的樣子。」

部落的人口在危機期間曾經下滑到一百一十位，在這之後一年，這個團體的成員又增加到兩百位，而且還在持續成長中——不但每天都維持良好地運作，而且還能夠為未來持續地創新。雖然只有一些些曾經加入牠們部落的流浪者，可以有一點點用來猜測的根據，但是有些流浪者説得很正確，根據牠們流浪的經驗，在廣泛的狐獴世界裡，沒有其他的族群像這個部落，它融合了狐獴式管理與莉娜式的領導風格。牠們是開拓者。

　　雖然這件事情還沒有被正式談論過，但是在部落裡，大家都普遍預期下一組的阿法人選可能是納迪雅和尼古拉斯，或是納迪雅和新任的洞穴隊長：阿佑。納迪雅暗地裡很喜歡這個主意，並不是為了她可以獲得的地位（好吧，也許有一點），而是為了能夠有這個榮幸，她可以進一步為打造‧個偉大的部落而努力。

　　隨著這個部落的傳奇開始流傳，隨著它不可避免地透過流浪者散播各處，大家一開始的反應是不可置信，接著變得有點忌妒，然後開始愈來愈佩服。當這個部落持續擴大，並且能夠持續妥善因應喀拉哈里的生態環境不斷丟給牠們的新挑戰時，大家對牠們的仰慕之情也將會有增無減。

　　這真是一個難得一見的奇蹟。

　　故事到此結束。

　　（嗯，差不多。）

結 語

組織如何興起、殞落，再崛起

　　除非你根本就不喜歡成人寓言——在這種情形下，如果你還能夠有紀律地看超過十頁，那我們就不得不對你說聲了不起了——不然你的腦海裡一定已經在思考，這些內容讓你想起真實生活中的哪些經驗；這其中有哪些教訓可能是針對你，針對你的雇主，或你的學校而說的。運用這個故事做為工具，你可以做些什麼來改變你的計畫，或引導別人來參與有意義的對話，談論有關於如何創造你的團隊非常渴望、以及你的組織非常需要的結果；以及其他很多相關的實際問題，特別是如果你之前從未看過任何類似這樣的組織成功的案例。如果你已

經有足夠的想法，或只是需要再想一會兒，你也許可以闔上這本書。不必再理會這本書剩下的內容了。趕快去思考一下，然後採取行動。如果你的疑問比答案還多，而且比較喜歡傳統的企管書或專業書籍，你就應該繼續閱讀下去。

回顧早期讀者的回應，我們的故事可以廣泛地在各個領域激發出新的想法：適應不斷變化的環境，面對組織愈來愈龐大與愈來愈複雜的挑戰，打造團隊精神，即使成員來自不同的圈子或不同的世代，創造一個開放的環境，可以包容新奇有創意的想法，成為一個持續的學習型組織，面對逆境，學習領導，以及了解領導與管理之間的差異等等。

但是在這本書的最後，我們想將你的注意力導向幾個重點，為了要讓你和其他人能夠安然地航行在一個改變速度愈來愈快，企業、公眾與家庭的生態環境遭受愈來愈多破壞的複雜世界裡，我們認為這幾個重點對你特別重要。我們相信這幾個重點就是今天的組織之所以會興起、殞落，以及有可能再崛起的關鍵。

領導與管理

這裡所觸及到的許多議題，基本上都跟我們所謂
「管理」的本質，以及「領導」的本質有關，當它們各
自運作良好的時候，可以有哪些成果。

如果你和足夠多的人談過，關於什麼是管理與領
導，你將會發現，就如同我們曾經發現的那樣，你會得
到許多不同，甚至互相矛盾的答案。管理與領導經常被
交互使用，暗示它們大概代表著同樣的意思。但它們並
不一樣。

就行動、過程和行為表現各方面來看，管理與領導
是非常不一樣的。一頁真誠動人的願景宣言，可以幫助
我們看清楚必須努力的方向，它與一份一百頁（或者五
百頁）鉅細靡遺的作戰計畫是相差甚遠的。一個用心設
計、促進包容和溝通的過程，有助於打造一個有熱情的
團隊，讓人迫不及待地想要展開旅程，朝某個方向前

進，它與一個充滿預算、組織結構圖、工作職掌描述，以及著重在完成這項工作需要的「技能組合」的執行計畫，是截然不同的。鼓舞士氣、感動人心，以及創造動力來克服挫折與障礙，這和依據指標評量結果與獎懲人員是很不一樣的。

管　理	領　導
• 制定計畫 • 編列預算 • 組織運作 • 人員編制 • 評量成果 • 解決問題 • 把會做的事情做到盡善盡美，精益求精，持續創造可靠有效的成果。	• 建立方向 • 統合人力 • 誘發動機 • 鼓舞士氣 • 動員群眾尋找機會，克服障礙，快速靈活，有創意地躍向繁榮的未來。

　　我們也經常聽到領導全然關乎階級的說法：領導是阿法做的事，管理則是貝塔做的事。但是現今，在階級上比貝塔低許多的「大哥哥和大姊姊」，有時候反而在他們的領域展現出絕佳的領導，為大家帶來利益，這難道不是真的嗎？而我們大部分的人，不也都在真實生活中遇到過一些領導無方的阿法嗎？就類似的觀點來看，我們是不是也經常聽到領導只是有關於英雄人物的豐功偉業這樣的話？即使我們知道這不可能完全是真的，但當這樣的訊息年復一年不斷地重複，你認為這對我們會有多大的影響？

　　此外，至少在過去的幾十年，有些人一直宣稱領導愈來愈重要，領導對組織是好的，而且領導應該代替管理，因為管理在本質上是笨拙、官僚、命令和控制的。但是如果缺少了管理，當組織開始變大也變得更複雜時——就像莉娜的部落那樣，會發生什麼情況？

　　管理和領導各自有不同的功能：前者可以讓日常工

作順利、可靠與有效地執行，即使在一個非常龐大複雜的系統裡；後者可以激發我們的實力，儘管困難重重，我們仍然可以快速地創新，邁向繁榮的未來，儘管問題和機會都不斷地在變化。管理和領導並不是抵達同一個目的地的兩條路，它們為不同的目的服務，在變化多端的複雜組織裡運作，這兩者都是不可或缺的。

當一個大型組織，處在一個變化不大、受保護的世界裡，好的管理具有關鍵性的要素──而且，從某種程度上來說，也就足夠了。當一個小型組織，也許要在未來的挑戰和機會都可能隨時巨幅變動的世界裡，開創一個新的利基市場時，領導就會是一個關鍵性的要素。至於在其他的狀況之下，包括現今我們地球上成千上萬的組織，則兩者都需要，因為它們的規模和複雜性（需要管理），也因為它們無法迴避驚人的科技與其他的力量所帶來的改變（需要領導）。

在一個企業裡，管理和領導並非水火不容的死對

頭，雖然有時候看起來似乎是那個樣子。它也並不是一個只能夠二選一的問題，因為它們是如此的不同：例如，一個強調控制群眾，另一個則給予來自群眾的任何個人，高度合理的自由與選擇。在一個稍具規模的組織裡，在一個變動快速、不斷產生破壞的世界裡，成功難道不需要管理與領導「兩者兼備」？沒有「兩者兼備」，難道最後不會垮掉，至少在某種程度上，就像尼古拉斯和納迪雅原來的部落那樣，或是莉娜的團體那樣，遭遇失敗？

而且為何不能是「兩者兼備」？一個組織為何不能夠在分層負責的結構下，有所掌控地執行一個計畫？讓今天的工作有完美的演出，並且也同時在一個網絡式的結構裡，有很大程度的自由，藉由一個方向清晰的願景指引，協助人們創新，克服障礙，減少挫折，並帶動每個成員以最快的速度邁向未來。需求為發明之母，我們猜想在未來的幾十年，我們將會對這樣的組織提供許多相關的學習。

這裡有另外一個圖表，可以把複雜的結構、行為和事件清楚地顯示出來。

這個簡單的圖表值得仔細一讀。

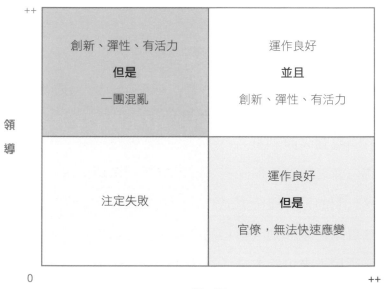

（資料來源：Executives, managers, and, employees）

　　幾乎所有組織都傾向通過左上象限的操作，從無到有地興起。那些往上升起的組織，它們多半會朝右上角移動，這種情況隨著它們的組織愈變愈大，有可能只是短暫的現象。它們避免掉那種會扼殺改變的思維模式，那種「我們知道該怎麼做，因為我們的成功已經證明了一切」的類似心態。但是，為了因應愈來愈大的規模，它們所加入的每一個元素，那些系統、結構、政策，往往都會摧毀莉娜式的做法——那些可以激發出速度、彈性和創意的方法。然後，組織落入了右下象限。那些沒有面臨強大競爭壓力的組織，往往就會固著在那裡，變得自滿、僵硬、反應遲緩，毫無靈活策略可言。當組織在它們的世界裡突然遭受到強烈地破壞，整個框格彷彿會自動往左移動，讓它們落入左下方的象限。在那裡，它們接下來可能會遭遇致命性的打擊，從此真的注定一蹶不振。

　　現今大部分成熟的組織，似乎都處於右下方象限。在一個移動速度較慢的世界裡，它們在某些方面可以表

現得還不錯。但是那樣的生態環境，不只在我們狐獴好
友的世界裡已經逐漸消失，在我們的世界裡更是少見。

　　解決這個問題的方法，是重新回到領導取向、快速
移動、去除繁文縟節、不需要上級督導、強調創新的左
上象限的世界裡嗎？對某些組織而言，這可能是個誘人
的想法。但除非你的組織非常小，否則這樣的想法難道
不會太過天真嗎？重新崛起的智慧，靠的是一個領導加
上管理的結構與過程，它表現在右上象限，在那裡，你
不會排除掉管理，而是增添許多領導。

　　另一個解決方案則是死守在第一象限，絕不妥協。
這是可以理解的，當你是一位特別絕頂聰明的領導人或
企業家。但是，為什麼它的結果不是與莉娜原先設想的
一樣呢？

創造一個兩全其美的組織

我們現在才剛試著了解，移動並保持在矩陣右上方領導／管理的象限裡，意味著什麼意思。許多人憑直覺做到這一點。在成熟的組織裡，和過去相比較，他們現在將培養領導力的教育訓練運用到更大的團體，並確保教育訓練與領導相關，而不僅僅限於管理。他們現在也更積極、更有創意地，將新的網絡式團體（超越傳統的跨部門任務編組）增加到管理系統裡。與過去相比，他們試著讓更多員工可以參與。他們更常談論有關於領導力的培養，並且試著刻意栽培領導人才。如果你擁有一個成熟型的組織，並處於右下象限的某種運作狀態。當我們在寫作這本書的時候，我們還不是很清楚有什麼最理想的方式，可以協助成熟型的組織，移動到矩陣右上方的象限。但是後來我們的確知道有一種方法可以奏效，這就是我們的狐獴好友所運作的方法。

這個過程呈現在下頁的圖表裡。它創造了納迪雅畫

在沙地上的某種二元結構，並且使它得以發揮高度的管理與領導成效。它能幫助組織在創業階段之後，不論它的規模和複雜性，仍能有效可靠地運作，滿足現今立即的需求，同時也能夠因應快速變遷的世界，對速度、彈性和創新各方面的所有需求。

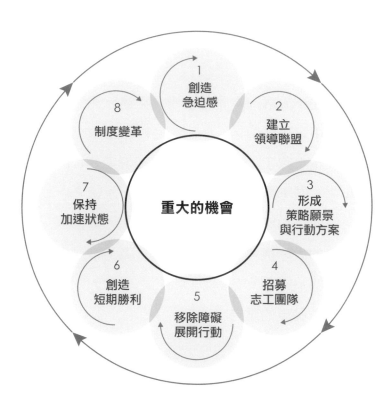

　　二元系統還有它重要的附帶好處，我們現在還在試著了解當中。例如，在現今的人才爭奪戰中，這個系統可以吸引並留住那些希望在早期的職業生涯中，有機會獲得更寬廣（以及更有意義）舞台的優秀年輕人。

　　以下是它運作的方式：

1. 這個過程一開始是藉由以一個或數個重大的機會為核心，在一大群人之中創造出一種高度的急迫感。在這過程中，自滿的情緒下降了，由焦慮所引起的錯誤急迫感也下降了。熱情、興奮感和情感的投入則被帶動起來。在不斷增加的一群人，特別是在摩洛的協助下，納迪雅和尼古拉斯透過不斷地向大家溝通這個令人興奮的大好機會；透過教育，透過熱情，並且提出證據證明追求新的可能是可行的。這和我們在真實的組織裡所發現的結果是一樣的。

2. 在重大機會與真實急迫感環繞的情況下，一個橫跨

不同圈子和不同階層的多元團體組成了，大家都熱切
盼望能夠在一個網絡式的系統裡，提供指引和協同領
導，他們基本上願意身兼二職：在分層負責的系統中
進行原來的日常工作，並且在網絡式的系統中，加上
他們的第二份工作，進行領導與創新。同樣的，試想
一個剛創業的公司，老鳥和菜鳥、工程師和行銷人員
全都夾雜在一起工作，一起爭辯，一起快速往前衝，
這些對一個龐大的官僚體系來說，似乎都是難以理解
的。我們也曾經目睹真實世界裡的摩洛們，挑選出這
樣的團體，或是支持某人進行這樣的選擇，他們通常
是從一個更大的志工團體裡來挑選成員，而這些志工
都很樂於承擔新的「晚班工作」。

3. 然後，這個類似某種領導聯盟的團體，會像所有早期
的企業單位那樣採取行動。它會發展出行動方案，朝
願景前進，以掌握大好機會。在選擇採取行動之前，
它會廣泛聆聽意見，包括來自阿法和貝塔的意見，而
且它幾乎不會採取任何行動，除非它能夠說服真實世

界裡的摩洛們相信，這個想法是有潛在價值的。

4. 關於這些行動方案，有無數的溝通必須進行，所以，在高度的急迫感之下，會吸引足夠多的志工來參與這些工作。例如，在一個有五千名員工的組織裡，如果各種條件具備的情況下，5％的員工在幾個月之內能夠完成的事情，是非常驚人的。我們曾經目睹這樣的事情一再發生。

5. 成功通常較少來自於發明全新的想法，比較多的是從眾多已經存在卻沒有被察覺的想法中發掘。例如，狐獴用來推動療癒方案的可愛玩具，或是採用正亟需落實的想法，並且破除障礙，將牠們真正實踐。

6. 創造成功、宣揚成功、慶祝成功，可以創造改變並展現氣勢。一般而言，我們已經發現：成功，即使是小小的成功，可以更快帶來成功，而且愈廣為宣揚，愈隆重慶祝愈好。

7. 在獲得足夠的勝利之後，注意力就要放在別讓急迫感下降，選擇新的策略行動方案，並且讓整個過程持續進行下去。

8. 到了某個時間點，將重大的成功進行制度化，放入分層負責的結構裡，就像狐獴的蟲蟲農場成為一個新的農業部門，有它自己的領導人和成員。有了實際的成果之後，志工會希望將它們移交給其他的人，阿法們則希望能將它們維持在分層負責的組織裡，以確保它們的可靠與有效性。

　　上述內容，是由我們團隊成員之一的科特（John Kotter），在幾年前所發現的。但現今，在一個快速移動的世界，這個基本的方法已經不斷成長演變，特別是在下列三個重要的面向：第一，它再也不是一套流程，你每隔五年、十年或十五年，從檔案櫃裡抽出來進行一次就夠了。在一個變動愈來愈多、愈來愈快速的世界裡，這些過程，一旦開始，就必須持續不斷地運行下

去。第二，它需要比以前有更多的人來共同參與，不只是同心協力將上層管理的願景付諸實現，而且也要共同尋找新的想法，處理所有制度上與態度上的障礙，以推動變革，並且激勵大家朝新的方向努力；換句話說，要協助領導。第三，為了使前面的兩項實際可行，它還需要一個能夠與傳統管理取向的階級制度，密切結合的第二個組成要素，它看起來更像是一個高度成功的新創企業的組織。而上面才剛剛描述過的過程，所做的正是這麼一回事兒，儘管事實上，成熟型的組織有一種既定的傾向，會扼殺或排斥任何看起來會更為平等、彈性、創新、快速創業的結構。

但是就某種程度上來說，如何可以實際地創造出兩全其美的組織，一方面具有可靠性與效率，另一方面還能夠提供靈敏、速度與創新？首先，最重要的是過程，當這個過程剛啟動時，如同上面所描述的，會遭遇許多來自管理階層頑強的抵抗，他們自然會扼殺或限制了創業者的、或領導取向的網絡系統的發展與運用。這個過

179

程能夠克服「這不是我們這裡做事的方法！」這句口頭禪，不可置信的強大力量。讓這一大群環繞著一個重大機會的人，不只在理智上可以看到真正的急迫性，同時在情感上可以感受得到，這是關鍵。教育也能夠有所幫助，尤其是在貝塔與阿法的層次。但是創造勝利，以展現出不同系統的可行性與優勢則是必要的；光靠言語激勵行動的效果畢竟是很有限的，尤其當你所面對的是一個不確定的新狀況。這就是在狐獴的世界裡所發生的事情，而我們近來也一再目睹它發生在我們人類的世界裡。

如果你與我們絕大多數的人一樣，一輩子都處在右下象限的組織裡，你也許會有好幾打的問題，需要我們花上好幾百頁的篇幅來回答。但很明顯的，這樣會扼殺了這本小書的美妙之處。我們的確可以提供你兩個資源：由科特所寫的《超速變革》（*Accelerate*）這本書，它是一本傳統的企管專業書籍。以及 Kotter International Web 網站上的豐富資料。

想要更進一步深入探討這些想法，我們建議你還可以這麼做：不要把這本書放回書架，將它傳閱出去。然後以它做為你們部門、或辦公室、或局處、或公司，對話的基礎。看過這本書的讀者，請在排定的會議之前（也許是年度策略會議），或是在特別組成的會議之前（也許是十幾人小組的午餐會議），請傳閱這本書。然後以很自然的形式展開討論，從對書中狐獴的故事發表個人看法開始，然後輾轉談到有關於身邊的組織。我們位於 2×2 矩陣的哪個位置？為什麼會在那裡？會有什麼後果？有沒有哪些特殊的挑戰我們未能妥善因應？或是因為我們運作的方式而錯過了某些機會？我們有嘗試改變嗎？有哪些成功，有哪些不成功？什麼是我們最大的機會？等等。

長期以來我們已經被灌輸了有關於控制、項目章程、工作小組、上下級關係結構、評量指標等等的各種想法，通常在我們的整個職涯過程都是如此。在這種情況之下，我們很自然地會害怕把我們已知的東西全部

「拋開」。但這不是我們在這裡所談論的。它是加法，而不是減法。當我們面臨更多新的，重大的挑戰時，屈服於這種自然的恐懼，對我們是很不利的。

藉由環繞著一個機會而逐漸增長的急迫感，藉由教導與來自於上層的支持，以及藉由因為初步的成功所營造出來的氣勢，和兩種截然不同的系統密切結合運作，我們就可能做到如同狐獴所達成的成就。有許多次，我們已經看到成功就近在眼前了。

而且，它可以是非常驚人的。

如有問題

請來信詢問

John.Kitter@KitterInternational.com

＊　　　　　　　＊

科特國際（Kotter International）：一家創新型態的企管顧問公司，協助團隊及組織發展潛能、釋放更多的能量。也協助領導者建立永續的組織，這些組織不但快速、靈活，而且可靠有效，以比領導者期待還快的速度，實現策略和永續的成果。如果你喜歡這本書，歡迎拜訪我們的網站，網址是：www.kotterinternational.com

這不是我們做事的方法！ 組織的興起、殞落，再崛起

2016年10月初版
2021年4月初版第三刷　　　　　　　　　　　　　　　定價：新臺幣350元
有著作權‧翻印必究
Printed in Taiwan.

著　　　者	John Kotter	
	Holger Rathgeber	
譯　　　者	許　芳　菊	
叢書主編	鄒　恆　月	
叢書編輯	王　盈　婷	
校　　　對	黃　婷　玉	
內文排版	陳　玫　稜	
封面設計	萬　勝　安	
插　　　圖	Kari Fry	

出　版　者	聯經出版事業股份有限公司	
地　　　址	新北市汐止區大同路一段369號1樓	
叢書主編電話	(0 2) 8 6 9 2 5 5 8 8 轉 5 3 0 5	
台北聯經書房	台 北 市 新 生 南 路 三 段 9 4 號	
電　　　話	(0 2) 2 3 6 2 0 3 0 8	
台中分公司	台 中 市 北 區 崇 德 路 一 段 1 9 8 號	
暨門市電話	(0 4) 2 2 3 1 2 0 2 3	
台中電子信箱	e - m a i l：l i n k i n g 2 @ m s 4 2 . h i n e t . n e t	
郵政劃撥帳戶第 0 1 0 0 5 5 9 - 3 號		
郵撥電話	(0 2) 2 3 6 2 0 3 0 8	
印　刷　者	文聯彩色製版印刷有限公司	
總　經　銷	聯 合 發 行 股 份 有 限 公 司	
發　行　所	新北市新店區寶橋路235巷6弄6號2樓	
電　　　話	(0 2) 2 9 1 7 8 0 2 2	
行政院新聞局出版事業登記證局版臺業字第0130號		

副總編輯	陳　逸　華	
總　編　輯	涂　豐　恩	
總　經　理	陳　芝　宇	
社　　　長	羅　國　俊	
發行人	林　載　爵	

國家圖書館出版品預行編目資料

這不是我們做事的方法！組織的興起、殞落，
再崛起/ John Kotter、Holger Rathgeber著 . 許芳菊譯 . 初版 .
新北市 . 聯經 . 2016年10月（民105年）. 184面 . 14.8×21公分
譯自：That's not how we do it here! : a story about how
　　　organizations rise, fall—and can rise again
ISBN　978-957-08-4810-6（精裝）
[2021年4月初版第三刷]

1.組織變遷　2.組織行為　3.組織管理

494.2　　　　　　　　　　　　　　　　　105017693